高等教育建筑类专业系列教材

城市道路景观设计

主编 马 新 王晓晓
参编 任 卿 夏海鸥 张 诚
主审 李 奇

重庆大学出版社

内容提要

本书根据风景园林专业"城市道路景观设计"课程教学大纲的要求进行编写。全书共6章,主要内容为城市道路景观概述、城市道路系统概述、城市道路植物景观设计、城市道路路面设计、城市道路景观附属设施设计、城市道路节点的设计。全书图文并茂,将理论与实际案例相结合,并注重先进性、新颖性与代表性,力求全面、系统地反映城市道路景观设计的新理念、新方法,达到让读者了解城市道路景观设计的一般程序、熟悉城市道路景观设计的内容、掌握城市道路景观设计方法和基本技能的目的。

本书可作为风景园林、环境艺术设计和建筑设计专业的应用型本科、高职高专、网络教育、自学考试及专业培训等教材,也可作为相关专业设计人员的参考用书。

图书在版编目(CIP)数据

城市道路景观设计 / 马新,王晓晓主编. -- 重庆：
重庆大学出版社,2022.6
高等教育建筑类专业系列教材
ISBN 978-7-5689-3160-1

Ⅰ.①城… Ⅱ.①马…②王… Ⅲ.①城市道路—景观设计—高等学校—教材 Ⅳ.①TU984.11

中国版本图书馆 CIP 数据核字(2022)第 038226 号

高等教育建筑类专业系列教材

城市道路景观设计
CHENGSHI DAOLU JINGGUAN SHEJI

主编 马 新 王晓晓
责任编辑:王 婷 版式设计:王 婷
责任校对:王 倩 责任印制:赵 晟

*

重庆大学出版社出版发行
出版人:饶帮华
社址:重庆市沙坪坝区大学城西路 21 号
邮编:401331
电话:(023) 88617190 88617185(中小学)
传真:(023) 88617186 88617166
网址:http://www.cqup.com.cn
邮箱:fxk@ cqup.com.cn(营销中心)
全国新华书店经销
重庆五洲海斯特印务有限公司印刷

*

开本:787mm×1092mm 1/16 印张:7.5 字数:184 千
2022 年 6 月第 1 版 2022 年 6 月第 1 次印刷
印数:1—3 000
ISBN 978-7-5689-3160-1 定价:39.00 元

前　言

　　风景园林学是一门建立在广泛的自然科学和人文艺术学科基础上的应用学科。风景园林专业主要学习风景园林规划、区域规划、植物学等方面的基本知识和技能，进行风景园林的规划建设、传统园林的保护修复等。"城市道路景观设计"是风景园林专业的核心专业课程，也是城市景观设计的一个新课题。该课程是一门涉及多学科、多知识的相对复杂的应用科学，是依据应用型大学办学优势而自主开发的课程系统，因此要求课程教材内容更具灵活性和针对性。

　　城市道路景观设计的学习内容繁多，涉及领域广泛，本教材以城市道路景观设计的基本内容为教材编写主线，通过对内容进行分类归纳，从城市道路景观规划设计的基本原则和设计依据、设计要素与主要内容、发展趋势、规划现状等方面对城市道路景观设计进行深入的分析讲解，便于学习者掌握常规的设计思路和解决方法，从而有利于指导具体的设计工作。

　　本书注意行文的活泼与优美，使其具有可读性；尽量运用形象化、具体化语言，使学生可以直观、形象地获取经验；不追求理论知识的体系完整，但求教学内容先进、重点突出，取舍合理，结构清晰、层次分明，表述深入浅出，用平实的语言阐释高深的理论，使信息传递高效、简洁。

　　本书是由重庆城市科技学院多位优秀教师通过归纳总结课堂上讲解的知识点而编写的一本教材。本书由马新、王晓晓担任主编，由李奇担任主审，具体的章节分工如下：第 1 章由马新老师负责，第 2 章由任卿老师负责，第 3 章由王晓晓老师负责，第 4 章和第 5 章由夏海鸥老师负责，第 6 章由张诚老师负责。

　　希望此书对广大景观设计初学者有所裨益。由于编者水平及编写时间所限，书中疏漏或不妥之处在所难免，请读者和同行师长不吝赐教。

编　者
2021 年 9 月

目　录

1

城市道路景观概述

　　城市道路是指通达城市的各地区,供城市内交通运输及行人使用,便于居民生活、工作及文化娱乐活动,并与市外道路连接,负担着对外交通的道路。其主要功能是交通运输、城市绿化、为城市灾害提供隔离地带和避难场所等。城市道路景观设计是从实用功能和美学观点出发,在满足道路交通功能的同时,充分考虑道路空间的美观和使用者的舒适性,以及与周围景观的协调性,为让使用者感觉安全、舒适、和谐所进行的设计。

1.1　城市道路景观设计的基本原则和设计依据

1.1.1　基本原则

1)可持续发展原则

　　道路景观建设应坚持自然资源与生态环境、经济、社会的发展相统一(特别是强调对道路沿线生态资源、自然景观与人文景观的持续维护和利用),在空间和时间上规划人类的生活和生存空间,建设持续的、稳定的、前进的沿线景观资源。城市道路景观设计就是运用规划设计的手段,结合自然环境,对场地内的生态资源、自然景观及人文景观进行保护和利用,做到既有利于当代,又造福于后人。

2)动态性原则

　　随着时代的发展和人类的进步,道路景观也存在着一个不断更新演替的过程,因此在道路景观的设计中应考虑道路景观的发展演替趋势。同时,道路景观空间大部分呈带状,故应注意规划空间层次,做到一步一景,景随步移。

3）地区性原则

我国地大物博,不同地区有其独特的地理位置和地形地貌特征、气候气象特征、植被覆盖特征等。同时,不同地区的人民有自己独特的审美理念、文化传统和风俗习惯。因此,在道路景观的规划、设计中,应考虑其地域性特点,以形成不同地区特有的道路景观。

4）整体性原则

城市景观是由各种景观元素共同构成的视觉艺术综合体。由于城市具有可达性的功能使用要求,所以各种城市景观元素都将与城市道路网产生直接的联系。城市各景观元素由道路网串联起来,就形成了完整、和谐的城市景观。因此,城市道路景观是城市景观的重要组成部分。在道路景观设计中,应统一考虑道路两侧的建筑物、绿化、街道设施、色彩、历史文化等,避免其成为片段的堆砌和拼凑。

5）实用性原则

在道路景观的规划和设计中,首先要满足交通运输、防灾减灾、隔离噪声、引导城市布局等功能要求,然后考虑如何体现它的商业价值。不必将精力放在那些耗费大量人力、物力、财力的观赏景观塑造上,而应着重考虑对道路沿线景观资源、原有设施、构筑物等的保护、利用与开发,使道路空间的人工景观与自然景观相协调,达到和谐、美观。

6）可识别性原则

道路在某种程度上是一个城市的标签。在设计中,不同等级的道路或不同功能的道路需要有所区别;在设计时,既要体现城市的地方特色,也要形成富有特色的街道空间,应合理利用现状地形,在尽可能减少工程量的前提下达到理想的视觉效果和环境效果。如图1.1所示,深圳公明中心区交通岛是公明的西北门户。设计者以"来到公明请进门"作为设计理念,在大转盘中间设计岭南文化中独有的民居大门——"趟栊门",其余部分全以植物造景,通过功能和景观的结合,将原来仅作为分流中心交通的环岛打造成一处特色门户景观。

图1.1　交通岛全景图

7）生态性原则

生态关系是指物种与物种之间的协调关系。生态性原则要求在各路段的绿化建设中要特别注重生态关系的体现。例如,植物要进行多层次配植,通过乔、灌、花、草的结合,对竖向空间进行分隔,创造出植物群落的整体美。同时,植物配植在讲求层次美、季相美之外也应起到最佳的滞尘、降温、增湿、净化空气、吸收噪声、美化环境等作用。

1.1.2 设计依据

在城市道路景观设计的过程中,应对现有的设计图、地形图、交通分布图等图文资料进行详细了解后,结合有关工程项目的科学原理和技术要求进行设计。设计者要了解人们的需求,并根据人们的审美要求、活动规律、功能要求等,创造出景色优美、环境卫生、情趣健康、舒适方便的道路空间,以满足人们的游览、休息和开展健康娱乐活动的功能需求。

我国陆续颁布了一些与道路景观设计相关的设计规范和设计导则,主要有《公园设计规范》(GB 51192—2016)、《城市绿地设计规范(2016 年版)》(GB 50420—2007)、《城市道路绿化规划与设计规范》(CJJ 75—2019)、《公路桥梁景观设计规范》(TJG/T 3360-03—2018)、《城市道路工程设计规范(2016 年版)》(CJJ 37—2012)、《城市综合交通体系规划标准》(GB/T 51328—2018)、《城市道路照明设计标准》(CJJ 45—2015)、《风景园林基本术语标准》(CJJ/T 91—2017)等。

1.2 城市道路景观的作用

城市道路景观是城市景观的重要组成部分,它不仅与景观资源的审美情趣及视觉环境质量有密切的联系,还对生态环境、自然资源与文化资源的可持续发展和永续利用起着非常重要的意义。现代化的城市道路,除满足交通运输等使用功能外,还应做好道路的绿化、美化,起到防眩光、缓解驾车疲劳、屏障交通噪声、调节行人的心情和稳定情绪等作用。

1)城市道路是展现城市风貌、提升城市品位的有效途径

道路可以看作城市的骨架和血管,但从精神构成关系来说,道路又是一个窗口,直接影响着人们关于城市的印象。无论是道路的宽度、道路两侧建筑物的体量与风格,色彩和形态各异的广告牌,独具特色的绿带、小品,还是道路上穿梭的车流或漫步或急行的人们,这些由城市道路所组成的道路情景往往会成为这座城市景观的代表。因此,加强道路景观建设,讲究道路空间的艺术设计,追求其与周边环境的和谐,是完善城市功能、提升城市品位的有效途径。

2)城市道路是组织和联系城市各区域空间的景观廊道

城市道路具有把城市中的人文、自然景点组织起来,形成连贯的城市景观的作用。城市道路所形成的路线可以使人们得到清晰的城市意象,好的路线还能将一系列景点组织起来,加深人们对城市风貌的印象。

3)城市道路景观是展现城市景观形象的重要途径

城市道路的景观形象功能主要有两个方面:一是人工景观功能,二是自然景观功能。城市道路的人工景观功能是指反映出城市的人文、历史、传统的景观文化等;而自然景观功能是指维护生态环境、改善空气质量、延长道路寿命等。

对于形象定位,可根据道路景观的不同属性或差异性,准确把控其形象定位。例如,商业街是以商业价值为核心的,而交通岛景观则以引导、生态为主,其相对应的形象定位也会差距很大。另外,形象定位也包括地域特点的塑造,如香榭丽舍大道(图1.2)位于巴黎市中心商业繁华区,其法文之意为"极乐世界"或"乐土",因其在卢浮宫与新凯旋门连接的中轴线上,又被称为凯旋大道,它是世界三大繁华中心大街之一,也被人们称作世界十大魅力步行街。它横贯首都巴黎的东西主干道,全长1 800 m,最宽处约120 m,为双向八车道,东起协和广场,西至戴高乐广场(又称星形广场),地势西高东低。以圆点广场为界分为两部分:西段是高级商业区,世界名牌、服装店、香水店都集中在这里,搭配上街道两侧的奥斯曼式建筑,更显雍容华贵;东段以自然风光为主,两侧是平坦的英式草坪,恬静安宁,是繁华闹市区中不可多得的清幽之地(图1.3)。

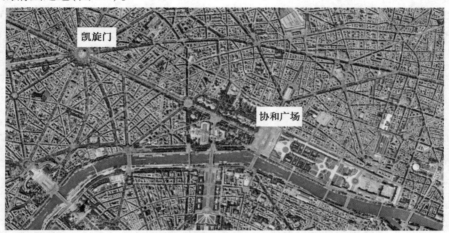

图1.2　香榭丽舍大道位置

图1.3　香榭丽舍大道实景

　　香榭丽舍大街连接起协和广场上的方尖碑及星形广场的凯旋门,在巴黎文化上意义非凡,它见证了巴黎的兴衰交替,记载了巴黎的历史文化。

4)城市道路是人们观察和欣赏城市景观的公共空间

人们对城市景观的最直接、最常见的感受往往来自城市的道路。道路是人们公共生活的场所——观光的游客沿着道路游览了城市,认识了城市;当地居民习惯性地在道路上活动并感受着道路及其周围的环境。如图1.4所示,西安大唐不夜城的街道以盛唐文化为背景,以唐风元素为主线,构建出千年古都的历史文脉和文化轴线,突显出西安的城市精神和文化意象。

图1.4　西安大唐不夜城

5)城市道路绿化对发挥道路的环境生态功能起到积极作用

植物景观具有隔绝风沙、噪声、视线,防止行人穿越及交通事故发生等作用。因此,城市道路景观设计应结合道路两侧及周边地带的绿化和水土保持,发挥道路的环境生态作用。如图1.5所示的成都天府绿道,它就是一种线性绿色开敞空间,是连接水系、山体、田园、林盘、自然保护区、风景名胜区、城市绿地以及城镇乡村、历史文化古迹、现代产业园区等自然和人文

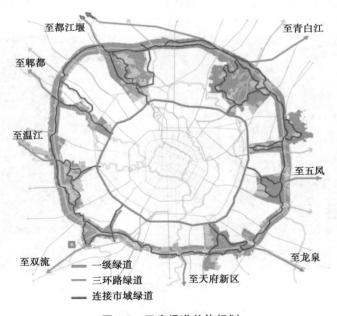

图1.5　天府绿道总体规划

资源,集生态保护、体育运动、休闲娱乐、文化体验、科普教育、旅游度假、应急避难等功能为一体,供城乡居民和游客步行、骑游、游憩、交往、学习、体验的绿色廊道。

1.3　城市道路景观的构成要素

在城市道路景观中,凡是城市道路空间中可看见的都是城市道路景观的构成要素。城市道路景观的构成要素可分为动态和静态两种。其中,静态景观的构成要素又可分为自然景观要素与人工景观要素两大类。

自然景观要素大体可分为植被、地形地貌、水体和气象气候等。人工景观要素主要包括道路路面、道路交通设施、人工水体、构筑物、道路绿化、街道小品及广告等。另一方面,道路上来往的车流、人流及各种人的活动给道路带来了无限生机,也成为城市道路景观的动态要素。

城市道路景观设计的内容大致可以分为道路本体景观、道路附属设施景观、道路外围区域景观以及与道路历史文化相关的人文景观等。道路本体景观是由构成道路本体的要素形成的景观,主要有道路线形走向、道路竖向以及道路横断面布置、路面铺砌、隔离池栏杆、道路绿化、挡墙、护坡、立交桥和人行天桥等。

道路附属设施景观包括照明设施、交通安全设施(如交通标志、标线)、公共设施和小品(如公交站点、休闲椅凳、卫生设施、通信设施、雕塑、喷泉)等。

道路外围区域景观包括沿街景观和远景景观。沿街景观是指建(构)筑物、设置于道路外围和附着于建筑物上的广告设施、围墙栏杆、绿化带以及街边广场、公园等。远景景观由山川、湖海、森林等自然要素和远处的高楼大厦、塔台、城墙等人工景观要素组成。而与道路历史文化相关的人文景观,是指由融合或点缀在道路范围之中、带有历史文化内涵的人文要素所形成的景观,这在古都老城中尤为突出,如图1.6所示。

图 1.6　古城街道

1.4 城市道路景观设计步骤

城市道路景观设计的基本步骤主要包含前期准备阶段、景观概念设计阶段、景观方案设计阶段、景观初步设计阶段、景观施工图阶段等。

1.4.1 前期准备阶段

城市道路景观设计的前期准备阶段主要包括现状调查与资料收集两部分。

1)接受设计委托、收集现有基础资料

根据甲方提供的设计任务书,了解工程概况,清楚场地道路概况、具体设计内容、总体功能与布局要求、种植设计要求、图纸表达要求、成果内容、施工图阶段图纸要求等。

收集的基础资料主要包括现状地形图、地质、地貌、土壤、水文、气象、文物、古迹、构筑物、小品、地方民俗、传统文化等资料。借鉴和学习同类型已建成的景观项目,也可为后期建设提供设计依据。前期材料收集得越完整,越有利于后期风格的确定以及材料的选择。

2)现场调研与测绘

设计师到现场进行调研,一方面可以对现场进行核对,另一方面也可以加深对现场的感受。调研内容包括自然环境条件、人文环境条件,现有道路的宽度、分级、材料、标高、排水形式,现有广场的位置、大小、形式、铺砖、标高等。同时,还需测量基地的地形地貌,并绘制现状用地平面图。测量可用卷尺测或步测。

1.4.2 景观概念设计阶段

概念设计阶段应提出概念性草图及相关设计意向图,确定景观设计方向、设计原则、风格定位等基本策略。其成果要求有设计要点说明、建筑规划布局分析、景观条件分析、彩色总平面图、设计条件分析图、平面分析图(包括功能、空间、交通等区位关系分析)、竖向关系分析图、重要景观场地设计意向图及场地剖面图、绿化及景观分析图、概念方案汇报资料等。

1.4.3 景观方案设计阶段

方案设计阶段是在概念设计阶段确定的原则下,进行整体景观方案设计。本阶段应确定各种景观空间内的平面布局,完成景观元素组织、竖向关系梳理、特色景观节点设计,确定软景效果意向及植物配置方式。其成果要求如下:

①设计关键点说明;

②彩色景观方案总平面图(含主要经济技术指标);

③分析平面图(包括区位分析、交通分析、景观及视线分析、功能分析等);

④分项平面图(包括竖向设计平面图、功能分区平面图、主要物料平面图、景观小品、景点要素及服务设施平面布置图等);

⑤场地纵、横断面图(应针对重要的景观断面绘制断面图,需反映景观空间的各项要素,如尺度比例、重要高程、地下空间利用情况、周边道路、植物等);

⑥景观立面图(应结合建筑及街道景观进行绘制,需明确反映景观与建筑及周边的体量大小及竖向关系);

⑦效果表现类图纸;

⑧室外家具及软装饰参考选型照片;

⑨标识系统参考选型照片及表现图;

⑩植物配置平面图(表达空间关系、色彩关系、群落关系、标志树种位置等);

⑪重要景观场地软景效果图或立面图、夜间照明效果设计图;

⑫基调树种、骨干树种、特色树种品种表及效果要求图示;

⑬工程量清单;

⑭重要节点方案设计需有 CAD 版本的总平面图、竖向设计图、尺寸标注图、物料图等;

⑮特色节点方案设计需包含手绘的节点大样图(含详细尺寸、材料及做法)。

1.4.4 景观初步设计阶段

初步设计阶段是在方案设计通过审查后所进行的景观设计。此阶段需与建筑师协调相关的平面、立面资料,根据最新建筑及工程相关信息,讨论相关的建筑及景观设施元素材料的使用,与项目相关各专业工程师协调有关结构设施、地下管线、户外照明设施、水景设施等问题,完成设计要求成果。成果包括硬景部分、软景部分以及水电部分。

1)硬景部分内容

①硬景设计说明包括初步总平面图、分区图、放线定位图、索引图、物料分布及色彩分析图、竖向设计图、局部放大平面图、重要地形剖面的剖面图(包括材料、标高、材质);

②园林建筑小品(廊、亭等)平、立、剖面图及详图;

③景观小品(座椅、花坛、垃圾桶等)的选型图片及供方推荐;

④物料选用表应针对不同区域使用的物料进行分类并列表表达,提供样板及样板图片,提供新材料以及特殊材料,提供相应供应商资料;

⑤提供甲方进行成本概算所需的工程量清单。

2)软景部分内容

①软景设计说明;

②乔木平面布置图、附乔木配置表(包括数量、干径、冠幅、高度、树型控制图样、特殊植物种植要求等);

③灌木及地被植物配置图,附灌木配置表(包括数量、干径、冠幅、高度、树型控制图样、特殊植物种植要求等);

④重要节点种植植物的放大平面图及立面图;

⑤标志树参考图片及效果控制要求。

3)水电部分内容

①水景设计(包括喷泉、旱喷泉设计);

②景观照明设计(包含各种路灯的选型,如有机电设备,应提供机电产品一览表);

③室外背景音乐系统设计;

④绿化浇水系统设计及水景机电和给排水系统;

⑤变电箱等设备的位置布点，同时应考虑合理利用景观进行遮挡或弱化环境中的设施设备。

1.4.5 景观施工图阶段

景观施工图是从景观设计到景观施工的桥梁，是完美体现设计者设计概念的工具，是施工进行的凭证，也是从设计想法到现实的完美体现。景观施工图阶段要求设计图纸准确、清晰，整个文件要经过严格校审，避免发生错漏。施工图设计的主要内容包括标明竖向及平面位置尺寸，放线依据，工程做法，植物种类、规格、数量、位置，综合管线的路由、管径及设备选型（要求能据此进行工程预算）。主要的图纸有总平面图、放线图、竖向图、道路铺装及做法详图、索引平面图、构筑物详图、种植设计图、园林设备图、园林电器图等。

1）平面图

①放线依据；

②与周围环境、构筑物、地上地下管线的距离尺寸；

③自然式水池轮廓可用方格网控制；

④方格网（2 m×2 m～10 m×10 m）；

⑤周围地形标高与池岸标高；

⑥池岸岸顶标高、岸底标高；池底转折点、池底中心、池底标高、排水方向；进水口、排水口、溢水口的位置、标高；泵房、泵坑的位置、尺寸、标高。

2）剖面图

①池岸、池底进出水口高程；

②池岸、池底结构、表层（防护层）、防水层、基础做法；

③池岸与山石、绿地、树木接合部做法；

④池底种植水生植物做法；

⑤各单项土建工程详图，如给排水、电气管线、配电装置、控制室。

1.5　城市道路景观设计现状

城市道路主要包括城市生活型道路、城市交通性道路、城市步行商业街道和高架桥道路4类。各类道路所处环境不同，侧重点也不同，应该针对不同的服务对象、不同的使用功能而展开特色化的景观设计。城市道路景观设计是由内、外两种因素共同构成的：内在因素包括一些以实用性为主的路灯、座椅、垃圾箱等，还有一些以观赏性为主的行道树、花坛、路标路牌以及雕塑小品等；外在因素主要是指道路两侧的建筑。

我国目前的城市道路景观设计大多参考规范，对城市道路景观设计的理念了解不充分，缺乏人本意识的景观设计理念，对城市的人文特点以及历史环境考虑不周全，对城市的景观性、整体性以及连续性考虑不够，与城市整理规划风格未能保持一致。设计师也没有完全意识到城市道路景观设计的根本目的是为城市人提供更加舒适的交通，从而违背了景观设计的审美二元论原则。

1) 城市道路景观设计缺乏个性化地域特色

很多小城镇在城市景观设计建设时,盲目照搬、照抄大城市的样子,没有考虑城镇本身的历史文化、风土人情及地域特色,从而拆除了原有特色的景观小品以及基础设施,建成了宽阔的大马路和大广场,形成了千街一面、千篇一律的景象,失去了城镇本来的特色,导致小城镇街道历史的记忆大量遗失,十分可惜。

2) 城市道路景观设计导致生态失衡

个别小城镇盲目模仿大城市的地下排水设施,结果出现了水土严重流失的现象,导致生态失衡。也有的小城镇,不断扩宽街道,用大面积的硬质铺面取代了原本自然化的生态地表,同时又移除了街道上本生的植被树木,不但破坏了城市街道的绿地系统,而且也导致了生态的进一步失衡。还有的小城镇,为了追求增大绿化量,盲目大面积地种植草坪,这就严重地浪费了水资源,更加速导致了生态的失衡。

3) 城市道路景观设计未能因地制宜

有的城市在进行绿化时,盲目追求接种外来树种,但因其不能够适应本地气候,导致绿化成本大幅提升。因此,需要因地制宜地选择树种,根据每个地域的不同气候,种植适合本地的植被。只有树木生长能力比较强,成活率比较高,才能在抵御自然灾害方面才能够发挥优势。同时,这样做也易于管理,有利于减少投资,能对城市整体规划和绿化发挥突出的作用。

1.6 城市道路景观设计发展趋势

如今,道路作为行车、行人的空间,上升到"带状景观"的范畴,其功能已经大大超越了交通范畴。随着人们生产生活方式的转变,"大旅游时代"的到来以及"文化的觉醒",都为"带状景观"赋予了新的使命,"大生态规划意识"的提高也为道路景观设计带来了新的挑战。

1) 从"主要重视通行"向"全面关注人的交流和生活方式"转变

"以人为本"概念的提出,要求城市道路景观设计也转变为一种人性化的创新设计方式。在城市道路景观规划中,应将注意力集中于人的生产和生活需要,体现道路的人性化设置。如"深夜食堂"的兴起,以及"夜游"的兴盛,都会给道路景观设计带来新的挑战或者机遇。

2) 从"道路红线管控"向"街道空间管控"转变

在新发展状态下,为了将城市道路规划建设设计得更加符合质量要求,并进一步提升道路的实用价值,就必须依据整体内外部分进行空间管控,且不拘于一种形式或内容地开展监督管控。采取"街道空间管控"的主要目的是增强道路的安全使用,降低道路的非安全性以及拓展整个建筑面之间的空间管理。

3) 从"强调交通功能"向"交旅融合""商业价值""文化核心"转变

评判道路规划设计的好坏,以前主要以交通功能为主。但这只是道路存在的根本意义,伴随人们意识的转变,现在大家都在寻求道路景观设计带来的附加值。例如大唐不夜城项目的建设,将曾经走马观花的大雁塔观光变成步行徜徉长街,形成沉浸式体验盛唐文化的体验式旅游;曾经被车流分割、功能单一的道路,变成步行友好,文化、商业、旅游融合发展、业态丰富的"盛唐天街"。大旅游时代的到来、商业价值的追逐和文化觉醒,都时刻影响着道路景观设计的定位及评判方向。

4)从"工程性设计"向"整体空间环境设计"转变

城市道路是城市里面数量最多、使用频率最高的公共空间。目前的设计规范标准大都是从工程角度作出规定,导致规划设计中过于强调道路的工程属性,而对整体景观和空间环境考虑得较少。因此,规划设计过程不应局限于红线内,还要突破既有的工程设计思维,上升到城市设计、区域规划(甚至包括山水林田、城市绿地等城市格局),突出道路的人文特征,对各个带状空间中的各个要素进行有机整合,通过整体空间景观环境设计塑造特色道路。

最典型的是目前开展得如火如荼的"绿道"建设。从广东省"珠三角绿道网"到北京的"健康绿道"再到成都的"天府绿道","绿道"不仅是一条纯粹的道路,它还包含了景观设计学、社会学、交通学三个方面的概念,甚至还融合了生态、经济、农业等功能。如图 1.7 所示为北京的"健康绿道"试点项目,沿潮白河的 30 km 绿道,可供游人享受林荫小路的绿色风情。

图 1.7 北京的"健康绿道"

习 题

1.如何表现城市道路景观设计的连续性?

2.思考城市道路绿化与城市人文特点如何结合?

3.在城市道路绿化规划与设计规范中,在规划道路红线宽度时,应同时确定道路绿地率,道路绿地率应符合哪些规定?

4.城市道路景观设计前期准备阶段中应收集哪些基础资料?

5.城市道路景观设计主要内容有哪些?

2

城市道路系统概述

城市道路网络是整个城市凝固的骨骼,也是城市各种交通系统运行的主要载体,它对城市的健康运行起着至关重要的作用。在大部分的城市中,道路的面积约占所有土地面积的四分之一。《城市意象》一书中,将构成城市意象的要素分为五类,即道路、边沿、区域、结点和标志,并指出道路作为第一构成要素往往具有主导性,其他环境要素都要沿着它布置并与它相联系。从物质构成关系来说,道路可以看作城市的"骨架"和"血管";从精神构成关系来说,道路又是决定人们关于城市印象的首要因素。正如《美国大城市的生与死》一书中所说的那样"当我们想到一个城市时,首先出现在脑海中的就是街道。街道有生气,城市也就有生气;街道沉闷,城市也就沉闷"。

城市道路由车行道(包括机动车道和非机动车道)、人行道、绿化带、排水设施、交通安全设施、沿街地上设施、地下各种管线、交叉口、交通广场、停车场、公共汽车停靠站等组成。城市道路的特点是功能多样,组成复杂,行人混行,非机动车交通量大,路网密度高,道路交叉口多,沿路两侧建筑物密集,景观艺术要求高,城市道路规划、设计的影响因素多、政策性强。

2.1 城市道路形式

城市道路网络是一个城市的骨架,是影响城市发展、城市交通的一个重要因素。我国现有路网的形成,都是在一定的社会历史条件下,结合当地的自然地理环境,适应当时的政治、经济、文化发展与交通运输需求而逐步演变过来的。现在已形成的城市道路系统有多种形式,一般将其归纳为4种典型的路网形式:方格网式[图2.1(a)]、环形放射式[图2.1(b)]、自由式[图2.1(c)]和混合式。

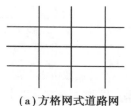 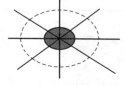 

（a）方格网式道路网　　（b）环形放射式道路网　　（c）自由式道路网

图 2.1　路网形式

随着现代城市经济的发展,城市规模不断扩大,越来越多的城市已经朝着这个方向发展。大多数大城市都采用了"方格网加环形放射"的混合式路网布局,即在保留原有路网的方格网的基础上,为减少城市中心的交通压力而设置了环路及放射路。

如图 2.2 所示,北京市城市道路网为典型的"方格网加环形放射"混合式路网。因北京老城区为传统的方格式路网,而伴随着城市规模的扩大,又逐步形成以 5 条环路、9 条主要放射路,14 条辅助放射路构成的环形放射路网。

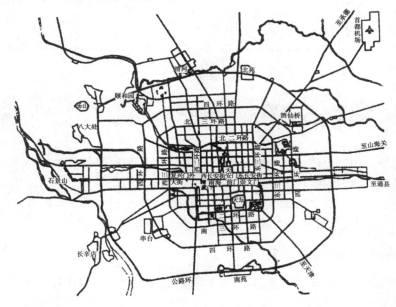

图 2.2　"方格网 + 环形放射"混合式

城市路网布局各有特点,不同的路网形式也存在不同的交通问题。通过分析总结,4 种基本路网形式的特点和性能见表 2.1。

表 2.1　城市路网形式的特点和性能

形式分类	特　征	优　点	缺　点
方格网式	道路以直线型为主,呈方格网状,适用于平原地区	街坊排列整齐,有利于建筑物的布置和方向识别,车流分布均匀,不会造成对城市中心区的太大交通压力	交通分散,不能明显地划分主干路,限制了主、次干路的明确分工,对角方向的交通联系不便,行驶距离较长,曲线系数为 1.2~1.41

续表

形式分类	特 征	优 点	缺 点
环形放射式	由放射干道和环形干道组合形成(其中,放射干道担负对外交通联系,环形干道担负各区间的交通联系),适用于平原地区	对外、对内交通联系便捷,线形易于结合自然地形和现状,曲线系数不大,一般在 1.10 左右,利于形成主次分明的城市空间	易造成城市中心区交通拥堵、交通机动性差,在城市中心区易造成不规则的小区和街坊
自由式	一般依地形而布置,路线弯曲自然,适用于山区	充分结合自然地形布置城市干道,节约建设投资,街道景观丰富多变	路线弯曲,方向多变,曲线系数较大,易形成许多不规则的街坊,影响工程管线的布置
混合式	由前几种形式组合而成,适用于各类地形	可以有效地考虑自然条件和历史条件,吸取各种形式的优点,因地制宜地组织好城市交通	一方面是易造成城市中心区交通拥堵;另一方面是一般都面临旧城改造问题,一些古城的路网都反映城市的文化色彩,城市路网的发展要考虑古城保护与现代化建设的关系

2.2 城市道路的分类

城市道路分类的重要依据是道路上城市交通的特性和道路与两侧用地的关系。道路等级次序的内涵既包括结构特性,又包括功能特性。城市道路的等级结构是为适应城市交通的不同交通性质、交通方式、交通组成的要求而设置的。不同等级的道路需满足不同出行距离、不同交通方式的要求,同时对城市道路沿线出入控制提出了一定的要求。

2.2.1 按街道的功能属性分类

根据道路使用者在不同种类道路上的行为模式、活动方式的不同,由此产生的不同行进速度和对道路景观的不同感受,可将道路分为高速浏览型,低速观赏型和生活广场,城市中分别有交通性干道、生活性街道,以及与道路相连的城市广场与之对应(表 2.2)。

表 2.2 道路分类

道路分类	行为模式(简化图式)	活动方式	行进速度	对道路景观的感受方式
交通性干道	起点 ●——→● 目标	乘车、骑行、步行	高速、中速	浏览
生活性街道	起点 ●∿●● 目标	步行	低速	观赏
城市广场	起点 ●∴∵●目标	散步、休息		体验

对表 2.2 中所列道路的分类,城市交通性干道是指城市中的快速路和主干道系统,是

构成城市路网的骨架;生活性街道则是指次干道和支路,供居民生活的场所,同时也兼顾交通功能,城市中的步行街、林荫路、游览路以及居民可以在其中徜徉、下棋、观赏、聊天的居住区街巷等均属此类;城市广场则是指那些素有"城市起居室"之称的、与道路相连的公共广场。

2.2.2　按街道等级分类

根据《城市道路工程设计规范》(CJJ 37—2012),按照城市道路在道路网中的地位、交通功能以及对沿线建筑物的服务功能等,城市道路可分为快速路、主干路、次干路、支路4类,如图2.3所示。

图2.3　常见的城市道路

1)快速路

快速路是为城市中、长距离、快速交通服务的道路,中间设有中央分隔带,布置有4条以上的车道,全部采用立体交叉控制车辆出入,并对两侧建筑物的进出口加以控制。快速路应进行中央分隔、全部控制出入、控制出入口间距及形式,应实现交通连续通行,单向设置不应少于两条车道,并应设有配套的交通安全与管理设施。快速路两侧不应设置吸引大量车流、人流的公共建筑物的出入口。

2)主干路

主干路又称全市性干道,负担城市各区、各组团以及对外交通枢纽之间的主要交通联系,在城市道路网中起支柱作用。主干路应连接城市各主要分区,以交通功能为主。主干路两侧不宜设置能吸引大量车流、人流的公共建筑物的出入口。主干路上的机动车道与非机动车道应分道行驶;交叉口之间分隔带、机动车道与非机动车道的分隔设施应连续,主干路两侧不宜设置公共建筑物出入口。

3）次干路

次干路是城市各区、各组团内的主要道路,承担集散交通的作用,与主干路组成城市干路网;次干路应与主干路结合组成干路网,应以集散交通的功能为主,兼有服务功能。次干路两侧可以设置公共建筑物出入口,并可设置机动车和非机动车的停车场、公共交通站和出租汽车服务设施。

4）支路

支路是次干路与街坊路的连接线,在交通上主要是解决局部地区交通,以服务功能为主。支路宜与次干路和居住区、工业区、交通设施等内部道路相连接,应解决局部地区交通,以服务功能为主。支路应与次干路和居住区、工业区、市中心区、市政公用设施用地、交通设施用地等内部道路相连接;支路可与平行快速路的道路连接,但不得与快速路直接相接。在快速路两侧的支路需要连接时,应采取分离式立体交叉跨过快速路;支路应满足公共交通线路行驶的要求。

2.3　城市道路断面的基本形式

《城市道路工程设计规范》(CJJ 37—2012,2016 年版)规定,城市道路的横断面形式有单幅路、两幅路、三幅路、四幅路及特殊形式。

2.3.1　单幅路

单幅路由机非混行车道和路侧带组成,适用于机动车交通量不大、非机动车辆较少的次干路、支路以及用地不足、拆迁困难的旧城市道路,如图 2.4 所示。

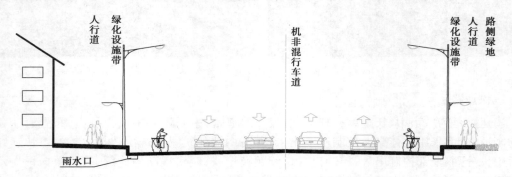

图 2.4　传统单幅路横断面布置形式

单幅路所对应的道路景观布置形式为一板二带式,即中间一条车行道、两侧为两条绿带,如图2.5所示。一板二带式是最常用的道路绿化形式,在车行道与人行道分割线上种植行道树,其优点是用地经济、管理方便,整齐划一;但当车行道过宽时,行道树的遮阴效果较差,不利于机动车辆与非机动车辆混合行驶时的交通管理,且景观单调,易发生交通事故。

图 2.5 一板二带式(单位:m)

2.3.2 两幅路

两幅路由中间分车带、机非混行车道和路侧带组成,适用于城市次干道,快速路不设辅路时可设两幅路,如图 2.6 所示。

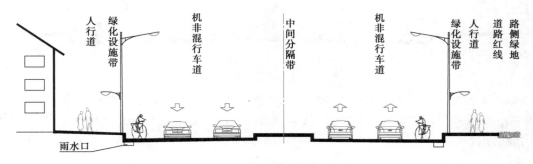

图 2.6 传统两幅路横断面布置形式

如图 2.7 所示,两幅路所对应的道路景观布置形式为两板三带式,其优点是有三条绿化带,其中一条将车道相向分开,适用于宽阔道路,两侧可布置成林荫路;绿带数量较大,生态效益较好,用地较经济,可避免机动车间事故的发生,故多用于高速公路和入城道路。其缺点是机动车与非机动车混合行驶。

2.3.3 三幅路

三幅路由机动车道、两侧分隔带、非机动车道和路侧带组成,适用于机动车交通量大、非

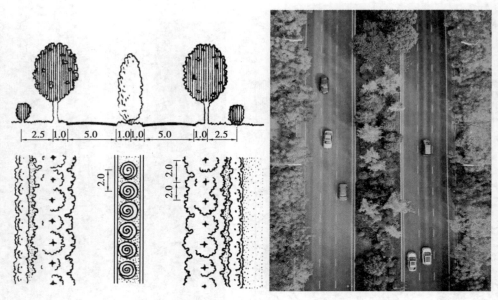

图2.7　两板三带式(单位:m)

机动车多的城市主干道,如图2.8所示。

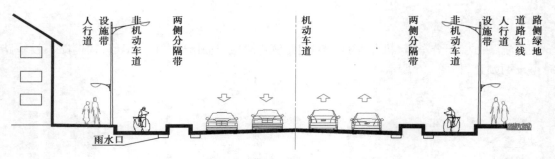

图2.8　传统三幅路横断面布置形式

　　如图2.9所示,三幅路所对应的道路景观布置形式为三板四带式,为城市道路绿化较理想的形式。其优点是绿化量大,卫生防护及夏季遮阴效果较好,组织交通方便,安全可靠;缺点是用地面积大,不经济。

2.3.4　四幅路

　　四幅路由中间分隔带、机动车道、两侧分隔带、非机动车道和路侧带组成,适用于机动车速度高、单向两条机动车车道以上、非机动车多的主干路,设置辅道的快速路也可用四幅路。传统四幅路的横断面布置形式如图2.10所示。

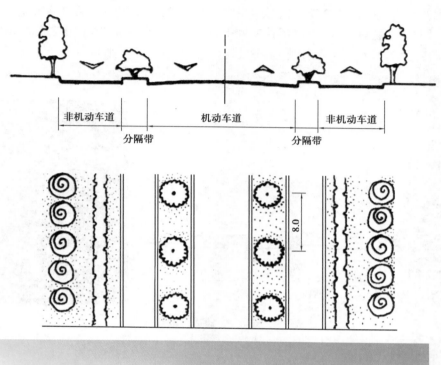

图 2.9　三板四带式(单位:m)

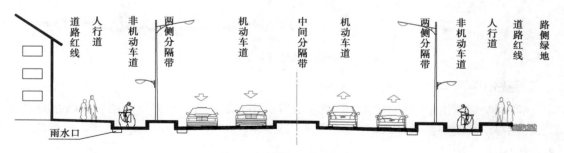

图 2.10　传统四幅路横断面布置形式

四幅路所对应的道路景观布置形式为四板五带式,是比较完整的道路绿化形式。如果道路面积有限,可用栏杆分隔,方便各种车辆上行、下行互不干扰,利于限定车速和保障交通安全。其优点是绿化量大,街道美观,生态效益显著,而它的缺点则是占地面积大,不经济,如图2.11所示。

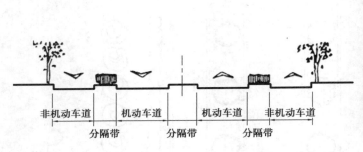

图 2.11　四板五带式

2.3.5　特殊形式断面

1)上下行有高差的两块板路

这种两块板路由中间分车绿带、机非混行道、绿化设施带和人行道组成。传统两块板路横断面的布置形式如图2.12所示。

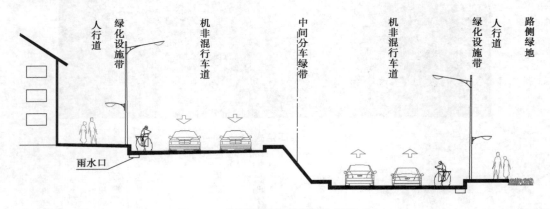

图 2.12　传统两块路横断面布置形式1

2)道路中间有保护性路肩的两块板路

这种两块板路由中间保护性路肩、机非混道和外侧路肩组成。传统两块板路路面设有雨水径流排向两侧的雨水口,如图2.13所示。

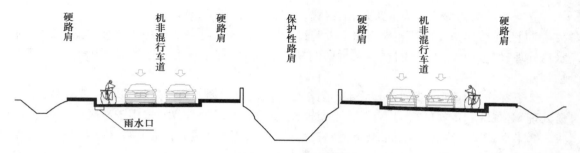

图 2.13　传统两块路横断面布置形式 2

2.4　城市道路交叉口形式

2.4.1　平面交叉

道路与道路(或铁路)在同一平面上相交的地方称为平面交叉,又称为交叉口。交叉口设计的主要内容为:正确选择交叉口的形式,进行渠化设计;进行交通组织,合理布置各种交通设施;计算交叉口的通行能力;验算交叉口行车视距,确定其各种部分的几何构造;交叉口立面设计。

平面交叉口的形式决定于道路系统规划、交通量、交通性质和交通组织形式,以及交叉口用地及其周围建筑的情况,常见的平面交叉口形式有十字形、X 形、T 形、Y 形、错位交叉形、复合交叉口形、环形交叉形等(图 2.14)。

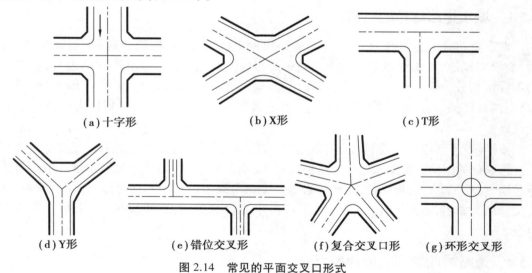

(a)十字形　　　　(b)X形　　　　(c)T形

(d)Y形　　(e)错位交叉形　　(f)复合交叉口形　　(g)环形交叉形

图 2.14　常见的平面交叉口形式

2.4.2　立体交叉

立体交叉(简称"立交")是利用跨线构造物使道路与道路(或铁路)在不同标高相互交叉的连接方式。立交是由跨线构造物,正线、匝道、出入口和变速车道组成。

立交按结构物形式分为上跨式、下穿式、半上跨半下穿式。

①上跨式:用跨线桥从相交道路上方跨过的交叉方式。这种立交施工方便,造价较低,排水易处理,但占地大,引道较长,高架桥影响视线和市容,宜用于市区以外或周围有高大建筑物等处。

②下穿式:用地道(或隧道)从相交道路下方穿过的交叉方式。这种立交占地较少,立面易处理,对视线和市容的影响小,但施工期较长,造价较高,排水困难,多用于市区。

③半上跨半下穿式:适用于城市道路三层式立交,下层下穿,上层上跨,中层与原街道齐平,有利于非机动车的行驶及人行交通,如北京市建国门立交。

按交通功能又可划分为分离式立交和互通式立交两类。

①分离式立交仅指设跨线构造物一座,使相交道路空间分离,上、下道路无匝道连接的交叉方式。这种类型立交结构简单、占地少、造价低,但相交道路的车辆不能转弯行驶,适用于高速道路与铁路或次要道路之间的交叉连接。

②互通式立交是指不仅设跨线桥构造物使相交道路空间分离,而且上、下道路有匝道连接,以供转弯车辆行驶的交叉方式。这种立交可使车辆转弯行驶,全部或部分消灭冲突点,令各方向行车干扰较小,但立交结构复杂,占地多、造价高。根据交叉处车流轨迹线的交错方式和几何形状的不同,互通式立交的基本形式包括苜蓿叶形、部分苜蓿叶形、喇叭形、Y 形、环形和菱形等。

2.5　城市道路绿地规划

2.5.1　城市道路绿地的组成

城市道路绿地主要指城市中各种道路用地上的绿地,包括街心花园、街头绿地、行道树、交通岛绿地、桥头绿地等。城市道路绿地根据不同划分标准具有不同的划分,根据位置的不同可划分为隔车带绿地、人行道绿化(基础绿化)、街头休息绿地、广场绿地、滨河路绿地、花园林荫路绿地及立体交叉路绿地,也可根据种植植物的不同可划分为景观绿地和功能绿地。

根据《城市道路绿化规划与设计规范》中的定义,道路绿地是指道路及广场用地范围内的可进行绿化的用地。道路绿地分为道路绿带、交通岛绿地、广场绿地和停车场绿地。道路绿带包括分车绿带、行道树绿带、路侧绿带等。交通岛绿带包括中心岛绿地、导向岛绿地、立体交叉绿岛。如图 2.15 所示,交叉路口平面由中心岛绿地、行道树绿带、路侧绿带等几部分组成。

2.5.2　道路绿地规划的设计要点

在城市绿地系统规划中,应确定园林景观路与主干路的绿化景观特色。园林景观路应配置观赏价值高、有地方特色的植物,并与街景结合;主干路应体现城市道路绿化景观风貌;同一道路的绿化宜有统一的景观风格,不同路段的绿化形式可有所变化;同一路段上的各类绿带,在植物配置上应相互配合,并应协调空间层次、树形组合、色彩搭配和季相变化的关系;毗

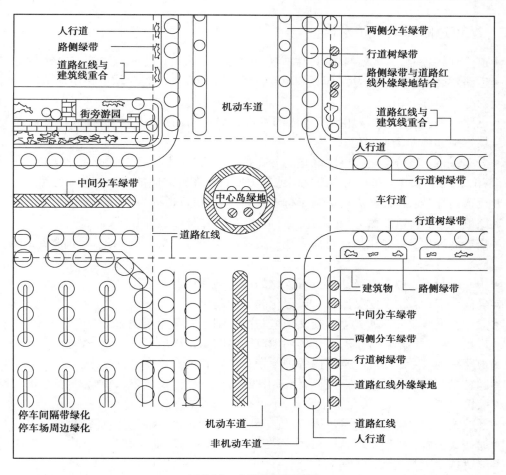

图 2.15　交叉路口平面图

邻山、河、湖、海的道路,其绿化应结合自然环境,突出自然景观特色。

　　道路绿化应以乔木为主,乔木、灌木、地被植物相结合,不得裸露土壤;道路绿化应符合行车视线和行车净空要求;绿化树木与市政公用设施的相互位置应统筹安排,并应保证树木有需要的立地条件与生长空间;植物种植应适地适树,并符合植物间伴生的生态习性;不适宜绿化的土质,应改善土壤再进行绿化;修建道路时,宜保留有价值的原有树木,对古树名木应予以保护;道路绿地应根据需要配备灌溉设施;道路绿地的坡向、坡度应符合排水要求并与城市排水系统结合,防止绿地内积水和水土流失;道路绿化应将远期和近期相结合。

　　根据《城市绿地设计规范》中对城市道路绿化率应为 15%～30% 的有关规定,城市道路作为带状线形走廊,应考虑合理设置中分带、侧分带、路侧带的绿化宽度,与城市"面、点"规划绿地相结合,从而形成"面、线、点"的绿化系统。在规划道路红线宽度时,应同时确定道路绿地率。园林景观路绿地率不得小于 40%;红线宽度大于 50 m 的道路绿地率不得小于 30%;红线宽度在 40～50 m 的道路绿地率不得小于 25%;红线宽度小于 40 m 的道路绿地率不得小于 20%。

2.5.3　城市道路绿地常用术语

● 道路红线：一般为规划的城市道路路幅边界线，是人行道与其他建筑物的分界线。

● 道路宽度：也称路幅宽度，即规划道路红线之间的宽度。它表示道路用地范围，包括道路横断面各组成部分用地。

● 道路绿地：道路及广场用地范围内的可进行绿化的用地，包括道路绿带、交通岛绿地、交通广场绿地和停车场地绿地。

● 分车绿带：车行道之间可以绿化的分隔带，其中位于上下行机动车道之间的为中间分车绿带；位于机动车道与非机动车道之间或同方向机动车道之间的为两侧分车绿带。

● 行道树绿带：布设在人行道与车行道之间，以种植行道树为主的绿带。

● 路侧绿带：在道路侧方，布设在人行道边缘至道路红线之间的绿带。

● 交通岛绿地：可绿化的交通岛用地。交通岛绿地分为中心岛绿地、导向岛绿地和立体交叉绿岛。

● 中心岛绿地：位于交叉路口上可绿化的中心岛用地。

● 导向岛绿地：位于交叉路口上可绿化的导向岛用地。

● 立体交叉绿岛：互通式立体交叉干道与匝道围合的绿化用地。

● 广场、停车场绿地：广场、停车场用地范围内的绿化用地。

● 道路绿地率：道路红线范围内各种绿带宽度之和占总宽度的百分比。

● 园林景观路：在城市重点路段，强调沿线绿化景观，体现城市风貌、绿化特色的道路。

● 装饰绿地：以装点、美化街景为主，不让行人进入的绿地。

● 开放式绿地：通过铺设游步道、设置坐凳等，供行人进入游览休息的绿地。

● 通透式配置：绿地上配植的树木，在距相邻机动车道路面高度 0.9~3.0 m 的范围内，其树冠不能遮挡驾驶员视线的配置方式。

习　题

1.城市道路有哪些形式？

2.自由式道路网形成的影响因素是什么？

3.城市道路的类型有哪些？

4.城市道路按照道路等级可分为哪几类？

5.城市道路的横断面形式有哪些？

3

城市道路植物景观设计

城市道路植物景观是在城市交通上发展起来的,它作为城市道路景观、城市绿地系统的一个重要组成部分,在保护和改善城市生态环境、美化城市、塑造城市形象等方面都具有极其重要的意义。近年来,随着日新月异的城市现代化发展和城市道路建设,为适应新的功能要求,我国城市道路植物景观也在不断创新中高速发展,出现了层次丰富、林荫夹道、景观多样、行车通畅、行人舒适的现代化城市道路,形成了多行密植、落叶树与常绿树相结合,绿化与美化相结合,功能性与观赏性相结合的城市道路绿化景观。

3.1 城市道路植物景观设计的作用

城市道路绿地是城市绿地系统重要的组成部分,它除了有辅助城市道路交通通行的重要功能外,还担负着维护生态平衡、优化美化人类生存环境的作用。

3.1.1 辅助城市道路交通通行的作用

1)视觉引导作用

借助道路植物景观的空间造型(尤其是乔木的种植),可使驾驶人员了解前方道路变化的趋势走向,使驾驶人员产生轻松、安心的感觉。这种心理感受,具有防止驾驶人员疲劳,提高交通安全的效果。同时,在夜间行车、起雾天或者雨雪天行车时,道路植物的视觉引导也能有助于驾驶人员识别道路线形和侧向界限(图3.1)。

图 3.1　道路植物的视觉引导效果

2)行车速度的调节作用

通过用地连续性与树种的变化,可预示道路线性的变化,形成明确的道路空间轮廓。不同的道路空间轮廓会形成不同的路段特征,并对行车状态产生不同的影响。因此,合理掌控栽植树木的间距、高度、密度,可确保驾驶人员安全操作,并能调节行车速度(图3.2)。

图 3.2　不同的道路空间轮廓对行车速度产生不同的调节

3)挡光防眩的作用

中央分隔带的植物景观优先担负起挡光防眩的作用。在两板三带式和四板五带式的道路横截面结构类型中,中央分隔带便起到为相向行驶机动车挡光防眩的作用。因此,中央分隔带上的植物种植设计,应充分考虑其高度和种植密度(图3.3)。

图 3.3　中央分隔带的植物景观起挡光防眩的作用

4）保护道路的作用

如果路侧绿带采用密集的乔灌林设计,当其达到一定宽度和密度时,就具有遮拦与保护道路的作用。同时,乔灌林能有效降低侧向强风对道路的破坏。

5）交叉口的识别作用

在道路交叉口设计中心绿岛,通过乔灌草相结合的植物景观设计,通常能提高入口处或交叉口的识别性或易辨性,使驾驶人员提前做好变道或转向的准备(图3.4)。

3.1.2　保护城市生态环境的作用

近年来,随着城市机动车数量的飞速增长,交通污染日趋严重,原有区域的空气质量、水平衡、热平衡等遭到破坏。城市道路污染成为城市的重要污染源之一,同时,城市道路中的噪声污染也成为一种公害。然而城市道路绿化可以有效地减少这些污染,达到保护城市生态环境的作用。

图 3.4　道路交叉口的多种形式

①城市道路绿化具有促进城市的通风和透气,调节气温,改善城市小气候,消除"热岛效应"的作用,被称为"天然的空调"。太阳光辐射到树冠时,20%~25%的热量被树冠反射回天空,35%被树冠吸收,加上树木的蒸腾作用,其消耗的热量可以降温。据测定夏季有树荫的地方,一般比没有树荫的地方要低3~5 ℃。

②城市道路绿化能提高空气湿度,被称为"天然的抽水机"。据测定,一棵行道树一年蒸发的水分为 5 m^3。林带内相对湿度可以增加 10%~20%,600 m 以内可增加 8%。

③城市道路绿化可以吸收部分汽车尾气,释放氧气,维持碳氧平衡,减轻空气污染,因此被称为"天然的净化器"。

④城市道路绿化能吸附道路灰尘,被称为"天然的吸尘器"。据测定,在广州有绿化的街道上,距地面 1.5 m 高处的含尘量比没有绿化的街道上的含尘量低 56.7%。在风力四级时,天坛公园内草皮地上未测出飘尘;三里河路(北段)每立方米飘尘 0.77 mg;完全裸露的地面每立方米达到 9 mg。

⑤城市道路绿化能减弱机动车行驶过程中发出的噪声,被称为"天然的降噪器"。据测定,通过 18 m 宽的路侧绿带(两行桧柏一行雪松)噪声减少 16 dB,通过 36 m 宽的路侧绿带噪声减少 30 dB。减噪效果最好的是鳞片状重叠的树叶,其树叶的位置最好能与噪声声源发生处成直角。

3.1.3　美化城市环境的作用

城市道路景观属于城市景观的重要部分,也是城市文明和发展的重要体现。通过乔木、灌木、草本花卉设计,创造出良好的城市道路植物景观,可充分发挥植物本身的自然美,提高城市道路景观空间的观赏性,打破建筑物、构筑物、铺装等景观的单调性,增加城市道路景观的色彩变化和季相变化(如春赏红花,夏观绿叶,秋赏果实,冬观枝干等),构建出具有动态美的景观城市道路,从而达到美化和优化城市环境的作用(图3.5)。

图 3.5　不同季节下的道路景观

3.2　城市道路植物景观设计的原则

城市道路绿化设计总体原则是满足道路的交通功能,在保证交通安全的基础上,做到四季花卉草木映带左右,以增加城市色彩、减轻环境污染、为城市居民创造良好的生活和工作环境。

3.2.1　安全性原则

安全是城市道路植物景观设计的首要原则。如果不充分考虑安全因素,植物景观可能会成为交通事故的隐患。

1)平交道口、十字路口处、弯道内外侧

在道路植物景观设计过程中,平交道口、十字路口处、弯道内外侧应按设计要求留出规定的安全视距。在设计视距范围内,不应种植乔木,可选择低矮灌木及花草。弯道外侧宜栽植成行乔木,这样既可预告道路走向变化,又能引导驾驶员行车视线变化,有利于保证交通安全。

2)中央分隔带

城市道路的中央分隔带不仅可以用于分隔来往车流和人流,也可为城市增添一道美丽的风景线。为了保证司机视线畅通,缓解司机的视觉疲劳,中间分车绿化带中不宜种植高大乔木,应选用低矮花灌木,配以草坪、花卉。为避免眩光,应适当增加常绿植物,树木冠径在0.5~0.8 m,高度在1.5~2.0 m,即可起到防眩作用。同时,宽厚且低矮的植物能避免车体和驾驶人

员受到损伤,也可防止行人随意跨越,保证行人、行车安全。北方城市一般以栽植东北连翘、刺玫、紫丁香、侧柏、桧柏、龙柏、小叶女贞为主。南方城市一般以栽植红花檵木、小叶女贞、假连翘、木芙蓉、山茶、紫薇、月季等为主。

3)两侧分车带

城市道路的两侧分车带可以选用乔木加地被植物或草坪的配置方式。同时,应注意乔木的冠下高度,以保证行人和车辆的安全,如图3.6所示。

图3.6　植物种植在道路节点的安全性考虑

3.2.2　因地制宜原则

因地制宜原则一是针对当地文化而言;二是针对大的气候、地理位置来说;三是指栽种的小环境,根据具体的种植地的空中管线、地下水位、地下管线分布状况等选择植物的种植与配置。

1)结合当地文化

城市道路植物景观设计要与该城市的文脉相结合,与历史相结合,将植物景观资源作为一种文化遗产,有意识地对其进行开发、保护和合理利用。植物景观设计将城市的自然、人文融为一体,将城市历史和风土人情融入植物景观中,彰显地域性文化,可增加城市的可识别性及特色。例如,厦门的木棉、重庆的黄葛树和山茶、北京的国槐、福州的小叶榕等,无不显示着一个城市的文化和历史,它们已经作为城市的符号和标志,记载着城市发展的轨迹和对文化的传承(图3.7)。

（a）重庆以黄葛树作为行道树　　　　　（b）厦门以木棉树作为行道树

图3.7　行道树作为城市的符号和标志

2）结合当地生态环境

因地制宜,适地适树。根据该地区气候、土壤、水文以及栽植地的小气候等环境条件,选择适合在该地生长的植物,可利于树木的正常生长发育、抵御自然灾害、保持稳定的绿化成果。例如,道路绿化中乔木要选择悬铃木、合欢、槐树、香樟、栾树等这类冠大荫浓、易栽易活、耐修剪、抗烟尘、抗病虫害的树种。在植物配置时,可选择多种植物创造不同氛围,体现植物生长的多样性和植物的层次性与季节性。因此,科学选择树木品种,在四季常绿、三季有花的前提下注重植物配置的形式,切实将每条道路建设成生态路,真正达到绿化的效果。

3）结合场地实际情况

城市道路用地空间范围有限,除机动车、非机动车道和人行道的交通用地外,还有许多市政公用设施,如地上架空线、地下各种管道及电缆等。道路绿化在此范围内作业,要想达到预期效果,就需要有满足植物所需的地上、地下环境条件。因此,道路绿化设计应在合理布置市政设施的同时进行统一规划,充分考虑道路所处地段的地貌、土壤条件、市政设施、建筑物等因素,选择合适的植物配置方式和植物种类,以达到理想的绿化效果。在道路两侧管线比较密集的地段,应尽量少栽或不栽乔木,多栽灌木和地被植物;在土层薄、土壤贫瘠的地段,则不宜种植乔木,可配植草坪、花卉或灌木,如平枝栒子、金露梅等。

3.2.3 可持续发展原则

可持续发展原则主张不为局部的和短期的利益而付出整体的和长期的环境代价,坚持自然资源与生态环境、经济、社会的发展相统一。这一思想在城市道路植物景观设计中的具体表现,就是要结合自然环境,使植物景观设计对环境和生态起到强化作用,同时还能够充分利用自然可再生能源,节约不可再生资源。城市道路两侧的植物能形成较好的景观效果,一般需要数年时间。因此,植物景观设计须有长远计划,栽植树木不能经常更换、移植,以保证其可持续发展。近期效果与远期效果要合理匹配,使其既能尽快发挥功能作用,又能在树木生长的壮年期间保持较好的形态效果。

在新建道路或老旧城市道路景观改造的过程中,为了早日绿荫夹道,可采用如杨树、泡桐之类的速生树种。此类树种经过一段时间的生长后容易凋残,对植物景观效果产生影响,再换其他树种又需要一定时间,造成这段时间植物景观的空白。所以,在此种情况下,宜将近期与远期相结合,将速生树种搭配慢生树种,如银杏、国槐、香樟等,在速生树种被更换后,慢生树种能发挥其植物景观效果。

3.2.4 生态性原则

生态是物种与物种之间的协调关系,是景观的灵魂。生态平衡是大自然的一种自我调节保护。城市道路的生态平衡,需要在设计过程中根据植物特性合理配植,分层次建造植被群落,形成稳定的植物群落。同时,既要充分考虑道路与城市风向、位置等的关系,又要充分利用绿化的生态属性,选择优良适宜的园林植物。

由于城市道路是狭长的线形空间,自然环境复杂,绿化设计应尽量保留和利用原有植被、自然景观资源,避免种植有害植物,例如有毒的、易折断的或会产生大量飘絮的植物。可在维护其良好生态功能的同时,灵活运用植物造景手段,体现出较强的景观性,使道路绿化形成优美、稳定的景观。

一般通过三种方法维护城市道路生态平衡。首先,要进行植物的多层次配植,体现植物的群落美。由于城市道路空气污染严重,应选择抗污染或能有效吸收有毒有害气体的树种。此外,还要丰富道路绿化树种,这样可以带来多重营养和食物链,能有效地控制害虫所需的食物,进而减少害虫数量。

例如,山西是一个沿着矿藏建立的能源城市,煤灰炭粉是治理城市污染的一大难点。因此,在山西城市道路植物景观设计时,应充分考虑城市煤尘污染等因素,植物品种应选择适合道路绿化的易于吸带粉尘的树木,如龙柏、刚竹、三角枫、栾树、合欢、青桐等。在排放有害气体的工业区,特别是化工区,应尽量多栽植一些吸收或者抵抗有害气体能力较强的树种,如广玉兰、海桐、构树、棕榈等树木,充分发挥植物的吸附净化功能。

城市道路植物景观必须从维护城市生态平衡的观点出发来考虑绿化的所有问题,只有这样,才能充分发挥出整个城市绿化的生态效益,达到减轻污染、改善环境、美化城市的目的。合理的绿化配置,不但可以美化环境,而且许多植物本身具有一定的经济价值,合理的选择与设计会使道路绿化生态效益和经济效益获得双丰收。

3.2.5　艺术性原则

城市道路植物景观设计既要满足植物与环境生态习性上的统一,又要讲究艺术性原则。要符合大众的审美情趣,应注重利用各类植物的观赏特点,应用色彩学原理,考虑植物的季相、色相变化,充分注意道路植物景观的立体层次感及平面的整洁性,并与周围环境协调一致,以达到"车在路上走,人在画中游"的完美景观效果,从而使街景园林化、艺术化。因此,在设计中应注意以下方面:

1)统一与变化

同一条道路的绿化具有一个统一的景观风格,可使道路全程绿化在整体上保持统一协调,提高道路绿化的艺术水平。运用重复的方法能体现道路植物景观的统一感,如等距离配置同种同龄的行道树。同时,配置规格、形态、色彩等不同的植物,可形成统一中有变化的植物景观形式。

例如,广州新机场路以高大乔木及修剪成形的灌木一大一小等距离相间栽植,形成一种交错的节奏感,并以强烈的植物立面配以彩色的灌木色带形成带状与点状的起伏变化,完成了立面竖向绿色与水平带状色彩三维的交汇,展现出城市多彩的一面(图3.8)。

图3.8　广州新机场路的植物配置

2）协调与对比

卷柏蕨类能够用于假山、护坡等垂直绿化，也可作为地被植物，丰富植物层次，增加美感。在以此类绿色植物为背景的前提下，栽植少量红叶小檗、紫叶李、红花檵木等，可起到"万绿丛中一点红"的景观效果。又如广州知识城景观大道南路口，利用修整模纹绿化结合行道树细叶榕组成的几何形树阵交叠重复，纹理流畅而富有动感，形成快捷、明丽，又清新、疏朗的气氛(图3.9)。

图 3.9　广州某景观大道南路口分隔带上的模纹花坛形式

3）障与透

若道路两侧有影响市容、市貌的破旧建筑物，可以密植高大乔木，结合灌木丛进行复层绿化，形成绿色屏障，既绿化了道路，又起到遮挡作用。若道路两侧有优美的景观可供借赏，可以配植低矮的灌木或稀疏的乔木，留出透视空间，充分展示城市美景。

4）节奏和韵律

在城市道路景观设计中，处处都有节奏与韵律的体现。如行道树、花带、台阶、蹬道、柱廊、围栅等都具有简单的节律感。复杂一些的如地形地貌、林冠线、林缘线、水岸线、园路等的高低起伏和曲折变化，空间的开合收放和相互渗透、空间流动，景观的疏密虚实与藏露隐显等都能使人产生一种有声与无声交织在一起的节律感。由一种或几种因素在形象上出现较有规律的起伏曲折变化所产生的韵律。如连续布置的树木、道路、花径等，可有起伏曲折变化，并遵循一定的节奏规律，自然林带的天际线也是一种起伏曲折韵律的体现。韵律与节奏本身是一种变化，也是使连续景观达到统一的手法之一。

3.3　行道树绿带的设计

在城市道路中，沿人行道与车行道之间种植一行或多行乔木用于为行人和非机动车庇荫的树木称行道树。行道树是街道绿化最基本的组成部分。以种植行道树为主的绿带称行道树绿带。行道树绿带的主要功能是为行人遮荫，同时美化街景。行道树以冠大荫浓的乔木为主，要求树冠整齐，分枝点足够高，主枝伸张，叶片紧密，以常绿类为主。我国从南到北，夏季炎热，行道树常采用冠大荫浓的悬铃木、小叶榕等。目前行道树的配植已逐渐向乔、灌、草复层混交发展,构成多层次的复合结构,大大提高了环境效益。

3.3.1 行道树绿带的分类

行道树绿化带的种植方式主要有两种,即树池式和树带式。

1)树池式

在交通量比较大、行人多而街道狭窄的道路上采用树池式种植的方式(图3.10)。该种种植方式方便街道卫生的保持,树池上方所设的箅子通过精心设计也是良好的景观构成元素,也可以采用宿根花卉或盆花遮掩树池,起到彩化路面的效果。

(a)　　　　　　　　　　　(b)

图 3.10　行道树绿带的分类——树池式(重庆市渝中区中山四路)

需注意的是,树池式栽种方式营养面积小,又不利于松土、施肥等管理工作,不利于树木生长。树池之间的路面铺装材料最好采用混凝土草皮砖、彩色混凝土透水透气性路面、透水性沥青铺地等,以利渗水通气,保证行道树生长和路人行走。行道树定植株距,应以其树种壮年期冠幅为准,最小种植株距应不小于4 m。株行距的确定还要考虑树种的生长速度。如杨树类属速生树种,寿命短,一般在道路上30~50年就需要更新。因此,种植胸径5 cm的杨树,株距以4~6 m较适宜。

2)树带式

树带式比较适合人行道宽度大于3.5 m的道路绿化,根据树带的宽度种植乔木、灌木及地被植物等,形成连续绿带(图3.11)。这种方式有利于树木生长和增加绿量,改善道路生态环境和丰富城市景观。也可以进一步分割空间,保证了行人的交通安全,同时也可以隔音降噪。在适当的距离和位置留出一定量的铺装通道,即可便于行人往来。

图 3.11　行道树绿带的分类——树带式

一般的做法是在人行道一侧种植乔木遮荫,在车行道一侧种植灌木或花卉等低矮植物,避免影响司机视线的通透。由于气候等因素的局限,这种树带式行道树的种植方式在南方应用较广,在北方应用较少。如北京的行道树绿带通常采用行道树下铺设草坪,简单大方,又方便养护(图3.12)。

图3.12 北京常见的行道树配置方式

3.3.2 行道树绿带的种植设计要点

①在树种选择上,应坚持因地制宜,采用乡土树种的原则。选择具有观赏价值、树冠浓密、树干通直、最好还有丰富季相变化的树种。尽量选择阔叶树种,一方面夏天可以提供浓密的树荫,另一方面针叶树不耐修剪。选择分枝点在2.5 m以上,主枝伸张、角度与地面不小于30°。花果无异味、无絮、无毛、无刺、无毒且深根性的树种。侧重常绿类为主,在湖北省赤壁地区,香樟、广玉兰、四季桂花树就是很好的行道树。香樟冠大浓荫,树形优美,特别是夏季能遮挡炎炎烈日,行走树下,极为舒适;广玉兰叶大色深,树形美观,四季常绿;四季桂花,四季飘香,清香舒适,也是作为行道树的理想树(图3.13)。

②在宽度的确定上,应根据道路的性质、类别和对绿地的功能要求以及立地条件等综合考虑而定。由于支路或次干道的路幅宽度较狭小,在既保证行车需求又保证步行要求的情况下,通常会缩减行道树绿化带的宽度,但是为了保证植物的顺利生长,至少需要1.0~1.2 m的绿化带。当绿化带宽度大于2.5 m时,就可以使用乔木和灌木结合种植的方式(图3.14)。

图3.13 重庆西永微电园
高铁站旁,以香樟作为行道树

图3.14 乔木和灌木结合的行道树绿带种植方式

③在布置形式上,多采用对称式:道路横断面中心线两侧,绿带宽度相同;植物配置和树种、株距等均相同。道路横断面为不规则形式时,或道路两侧行道树绿带宽度不等时,采用道路一侧种植行道树,而另一侧布设照明等杆线和地下管线。

在同一街道采用同一树种、同一株距对称栽植,既可起到遮荫、减噪等防护功能,又可使街景整齐雄伟,体现整体美。若要变换树种,最好从道路交叉口或桥梁等地方变更。

④在种植距离上,行道树树干中心至路缘石外侧最小距离不小于75 cm,便于公交车辆停靠和树木根系的均衡分布、防止倒伏及行道树的栽植和养护管理。在弯道上或道路交叉口,行道树绿带上种植的树木,距相邻机动车道路面高度为0.9~0.3 m,其树冠不得进入视距三角形范围内,以免遮挡驾驶员视线,影响行车安全。

行道树的株距要根据所选植物成年冠幅大小来确定,另外道路的具体情况如交通或市容的需要也是考虑株距的重要因素。常用的株距有4 m、5 m、6 m、8 m等。

行道树是沿车行道种植的,而城市中许多管线也是沿车行道布置的。因此,行道树与管线之间经常相互影响,在设计时要处理好行道树与管线的关系,使它们各得其所,才能达到理想的效果。具体数据见表3.1、表3.2、表3.3。

表3.1 树木与地下管线外缘最小水平距离　　　　单位:m

管线名称	距乔木中心距离	距灌木中心距离
电力电缆	1.0	1.0
电信电缆(直埋)	1.0	1.0
电信电缆(管埋)	1.5	1.0
给水管道	1.5	—
雨水管道	1.5	—
污水管道	1.5	—
燃气管道	1.2	1.2
热力管道	1.5	1.5
排水盲沟	1.0	—

表3.2 树木根茎中心至地下管线外缘最小距离　　　　单位:m

管线名称	距乔木根茎中心距离	据灌木根茎中心距离
电力电缆	1.0	1.0
电信电缆(直埋)	1.0	1.0
电信电缆(管道)	1.5	1.0
给水管道	1.5	1.0
雨水管道	1.5	1.0
污水管道	1.5	1.0

表 3.3　树木与其他设施最小水平距离　　　　单位:m

设施名称	至乔木中心距离	至灌木中心距离
低于 2 m 的围墙	1.0	—
挡土墙	1.0	—
路灯杆柱	2.0	—
电力、电信杆柱	1.5	—
消防龙头	1.5	2.0
测量水准点	2.0	2.0

以上各表可供树木配置时参考,但在具体应用时,还应根据管道在地下的深浅程度而定,管道深的,与树木的水平距离可以近些。树种属深根性或浅根性,对水平距离也有影响。树木与架空线的距离也视树种而异。树冠大的,要求距离远些;树冠小的,则可近些。一般应保证在有风时,树冠不致碰到电线。在满足与管线关系的前提下,行道树距道牙的距离应不小于 0.5 m。

确定种植点距道牙的距离还应考虑人行道的铺装材料及尺寸。如是整体铺装则可不考虑,如是块状铺装,最好在满足与管线的最小距离的基础上,与块状铺装材料尺寸成整数倍关系,这样施工比较方便快捷。

⑤确定种植方式。行道树的种植方式要根据道路和行人情况来确定,道路行人量大多选用树池式,树池一般为 1.5 m×1.5 m 的方形,长方形的短边一般不得小于 1.2 m)。树池的边石有高出人行道 10~15 cm 的,也有和人行道等高的,前者对树木有保护作用,后者行人走路方便,现多选用后者,在主要街道上树池还覆盖特制混凝土盖板石或铁花盖扳保护植物,于行人更为有利。道路不太重要、行人量较少的地段可选用种植带式,长条形的种植带施工方便,对树木生长也有好处,缺点是裸露土地多,不利于街道卫生和街景的美观,为了保持清洁和街景的美观,可在条形种植带中的裸土处种植草皮或其他地被植物。在一板二带式道路上,路面较窄时,应注意两侧行道树树冠不要在车行道上衔接,以免造成飘尘、废气等不易扩散,使道路空间变成一条废气污染严重的绿色烟筒。应注意树种选择和修剪,适当留出"天窗",使污染物能够得到扩散、稀释。

3.3.3　行道树绿带的设计实例

行道树绿带种植以行道树为主,并宜乔木、灌木、地被植物相结合,形成连续的绿带,行道树的定植株距应以其树种壮年期树冠为准,最小株距应为 4 m,行道树树干至路缘石外侧最小距离为 0.75 m。种植行道树苗木的胸径为快长树不得小于 5 cm,慢长树不宜小于 8 cm。在道路交叉口视距三角形范围内,行道树绿带应采用通透式配置(图 3.15、图 3.16)。

图 3.15　行道树绿带平面图

图 3.16　行道树绿带立面图

3.4　分车绿带的设计

在分车带上进行绿化,称为分车绿带,也称隔离绿带(图 3.17)。从道路的横断面类型中,分车带可以分为快慢车道分车带和中央分车带,前者是将快车道和慢车道相分离,以保证行车速度,后者则是将上行车道和下行车道相分离,以保证双行车道的安全和速度。

图 3.17　云阳滨江大道分车绿带

分车绿带的设计在整个道路绿化设计上是个重点,其植物景观的营造对道路的整体气氛影响很大,如果就分车带本身来考虑绿化,会造成道路景观的零乱无序,分车带的绿化必须与整个道路景观(包括人行道绿化带和周边的建筑)融合在一起考虑设计。在现代城市中,道路的使用者主要为驾驶员和乘客,分车绿带的设计必须以人为本,令植物景观设计满足该人群的视觉效果需要。例如杭州新塘路的分车绿带设计,在设计上采用自然式种植,主要种植草坪、地被、低矮花灌木及疏密有至的乔木,并结合简洁明快的图案营造一段有层次感且丰富的绿化长廊(图3.18)。

图3.18　杭州新塘路自然式分车绿带

3.4.1　分车带的种植设计要点

分车绿带位于车行道中间,位置明显而重要。因此,在设计时要注意街景的艺术效果。通过不同的种植设计方式,可以形成封闭、半开敞、开敞的空间效果。而无论采取哪一种植物景观设计方式,其目的都是最合理地处理好建筑、交通和绿化之间的关系,使街景统一而富于变化。但要注意变化不可太多,过多的变化,会使人感到凌乱繁琐而缺乏统一,容易分散司机的注意力,所以应从交通安全和街景两个方面来综合考虑。

1)分车绿带与人行道的关系处理

分车绿带位于车行道之间,当行人横穿道路时必然横穿分车绿带,这些地段的绿化设计应根据人行横道线在分车绿带上的不同位置,采取相应的处理办法,既要满足行人横穿马路的要求,又不致影响分车绿带的整齐美观。具体有以下三种情况:

①人行横道线在绿带顶端通过,在人行横道线的位置上铺装混凝土方砖不进行绿化。

②人行横道线在靠近绿带顶端的位置通过,在绿带顶端留一小块绿地,在这一小块绿地上可以种植低矮植物或花卉草地。

③人行横道线在分车绿带中间某处通过,在行人穿行的地方不能种植绿篱及灌木,可种植落叶乔木。

2)分车绿带的宽度

分车绿带的宽度跨度较大,从1.5 m到6 m甚至更宽的尺度都有。作为城市道路建设的备用地,中央分车带的宽度相对较宽,当道路满足不了城市交通需要的时候,通常会减小中央分车绿带的面积,增加车行道的宽度。北京中关村大街(原白颐路)之前的中央分车绿带相当宽敞,给人一种雄伟、壮观的感觉,但如今为了满足日益增加的交通流量需求,只能拓宽路面,用隔离栏杆代替中央绿化带(图3.19)。

图 3.19　北京中关村中央分车绿带随车流量的变迁

　　分车绿带种植设计就因绿带的宽度不同而有不同的要求。一般最小宽度不宜小于 1.5 m，一般窄的分车绿带上仅种植低矮的灌木和草坪。如低矮、修剪整齐的杜鹃花篱，早春开花如火如荼，衬在嫩绿的草坪上，既不妨碍视线，又增添景致。

　　分车绿带在 1.5~2.5 m 时，基本上采用种植单一乔木或灌木或乔灌间植，种植整型绿篱或宿根花卉或单独铺设草坪的方式，以实现分车绿带的基本功能。8 m 以上的分车绿带可以采用比较丰富的植物造景手法，丰富道路立面景观（图 3.20）。

图 3.20　较宽的分车绿带处设计手法

3）分车绿带的植物配置形式

　　分车绿带植物配植形式多样，可采用规则式，也可采用自然式。分车带绿带属于动态景观，在形式上力求简洁有序，整齐一致，如果是用单元色块或者是单元种植则应采用大色块、大单元种植，以减少司机的视觉疲劳（图 3.21）。

图 3.21　上海世纪大道分车绿带规则式色块种植法

　　最简单的规则式植物配置为等距离的一层乔木,也可在乔木下配植灌木和草坪(图 3.22)。自然式的植物配置则极为丰富,利用植物不同的形态、色彩、线条将常绿、落叶的乔、灌木,花卉和草坪配植成高低错落、层次参差的树丛,以达到四季有景、富于变化的效果(图 3.23)。无论何种植物配植形式,都需要处理好交通与植物景观的关系。如在道路尽头或人行横道、车辆的拐弯处不宜配植妨碍视线的乔灌木,只能够种植草坪、花卉和一些低矮灌木。

图 3.22　分车绿带规则配置(堪培拉宪法大道)

图 3.23　分车绿带自然式配置(杭州新塘路)

4)分车绿带的植物选择

　　分车绿带植物选择时,应注意分车绿带特殊的环境特点,即离交通污染源近、浮尘较大、热辐射强、栽培土壤干旱瘠薄、管理不便等,故应选择抗性较强的乡土树种。分车带绿距交通污染源最近,生态功能最显著,因此,道路两侧的分车带在宽度大于 1.5 m 以上时,适合种植乔木,并宜尽量实现乔灌草复层混交,以扩大绿量。但是要防止乔木的树冠在机动车道的上方搭接,否则容易使机动车排放的尾气无法散播到空气中,造成道路环境的空气污染。植物选择上,宜无刺或少刺,叶色有变,耐修剪,在一定年限内可通过人工修剪控制它的树形和高矮;易于管理,能耐灰尘和路面辐射。因此,适宜选用龙爪槐、红叶李、紫薇、丁香、紫荆、连翘、榆叶梅等。

　　另一方面,中央分车带的绿化还有防止夜间对开车辆眩光影响的功能。因此,其植物景观营造应保证能通过灌木来遮挡夜晚车辆的灯光,可以是连续的绿篱,可以是不连续的球形植物种植,也可以是低矮的常绿树种。当道路路幅有限、用隔离栅栏代替中央分车带时,也可以充分利用藤蔓植物来进行造景,如蔷薇、藤本月季、爬山虎等。在交通非常繁忙的北京城区,这种应用形式非常适宜和常见(图3.24)。

图 3.24　中央分车带夜间的防眩光功能

5)分车绿带与公交车站的关系处理

分车绿带一侧靠近快车道,因此公共交通车辆的中途停靠站都设在分车绿带上。车站的长度为 30 m 左右,在这个范围内一般不能种灌木、花卉,可种植乔木,以便夏季为等车乘客提供树荫。当分车绿带宽 5 m 以上时,在不影响乘客候车的情况下,可以种少量绿篱和灌木,并设矮栏杆保护树木。

6)分车绿带视线设计

选择分枝点低的树种时,株距一般为树冠直径的 2~5 倍;灌木或花卉的高度应在视平线以下。如需要视线完全敞开,在隔离带上应只种草皮、花卉或分枝点高的乔木。路口及转角处应留出一定范围(视距三角)不种遮挡视线的植物,使司机能有较好的视线,保证交通安全。

视距三角形指的是平面交叉路口处,由一条道路进入路口行驶方向的最外侧的车道中线与相交道路最内侧的车道中线的交点为顶点,两条车道中线各按其规定车速停车视距的长度为两边,所组成的三角形。在视距三角形内不允许有阻碍司机视线的物体和道路设施存在(图3.25)。

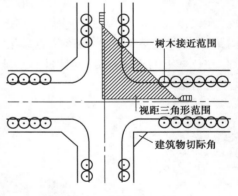

图 3.25　视距三角形

3.4.2　分车绿带的设计实例

城市道路分车带绿化除了分隔交通、保障安全之外,还承担着美化城市、软化街道建筑硬景、消除司机视觉疲劳、净化局部环境等作用。种植乔木绿化带还可以转变道路的空间标准,使其拥有更良好的宽高比。

如图 3.26 和图 3.27 所示为某分车绿带设计的平面图和立面图。该设计提高了绿化的种植密度,极大地增加了道路绿化的含绿量。道路绿化景观的成功与否,在很大程度上都取决于植物的选择是否合理。为此,设计应遵循"适地适树"的绿化建设基本原则,加强对植物特性的研究。在植物的选择与配置上应符合当地气候环境,以乡土树种为主,适当轻用引进树种。并且,考虑到道路绿化的管理难度以及后期的维护成本,该设计也做到了选择、配置的植物抗逆性强,耐干旱,耐修剪,病虫害少,便于管理。

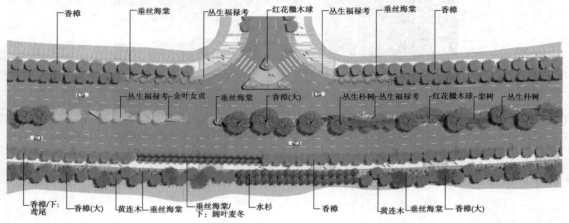

图 3.26　分车绿带平面图

图 3.27　分车绿带立面图

在该设计中,除了在竖向空间上打造绿化层次差异,以高大乔木、小乔木、花灌木、色叶灌木、地被植物形成多层次、高落差的绿化空间格局外,还选择了多种类的色叶灌木,提高场地绿化在色彩上的丰富程度,使其极具功能性,且更具观赏性,提高了场地活力,增加了道路景观生机(图3.28)。

图 3.28　分车绿带效果图

3.5 路侧绿带的设计

路侧绿带是指布设在人行道边缘至道路红线之间的绿带,它是构成道路景观的主要地段。设置一定宽度的路侧绿带能起到减轻噪声尘土的作用。由于路侧绿带宽度不一,植物配置也有所不同。路侧绿带与沿路的用地性质或建筑物的关系密切,有的建筑物要求绿化衬托,有的建筑要求绿化保护,因此路侧绿带常应用乔木、灌木、花卉、草坪等,结合建筑群的平、立面组合关系以及造型、色彩等因素,根据相邻用地性质、防护和景观要求进行设计,并在整体上保持绿带连续、完整和景观效果的统一。

3.5.1 路侧绿带与建筑红线的关系

路侧绿带与建筑红线一般存在 3 种关系:
①建筑红线与道路红线重合,则路侧绿带形成建筑的基础绿化带,面积通常不大。
②建筑退让红线留出人行道,路侧绿带位于两条人行道之间,一般靠近车行道一侧的人行道是提供给过路行人使用的,而靠近建筑的人行道则是为附近居民提供的,这种做法普遍应用于商业街等人流量较大的地段。
③建筑退让红线在道路红线外侧留出绿地,路侧绿带和道路红线外侧绿地相结合。

3.5.2 路侧绿带的分类及植物景观设计要点

1)防护绿带

城市道路植物景观中的防护绿带是指以保护路基、防止风沙和水土流失、隔音为主要目的而设置的路侧绿化用地,其功能是对自然灾害和城市道路公害起到一定的防护或减弱作用。

防护绿带宽度在 2.5 m 以上时,可考虑种一行乔木和一行灌木;宽度大于 6 m 时可考虑种植两行乔木,或将大、小乔木,灌木以复层方式种植;宽度在 8 m 以上的种植方式更可多样化。

2)基础绿带

若绿化带与建筑相连,则称为基础绿带。基础绿带的主要作用是为了保护建筑内部的环境及人的活动不受外界干扰。基础绿带内可种灌木、绿篱及攀援植物以美化建筑物。种植时一定要保证种植植物与建筑物的最小距离、保证室内的通风和采光。

3)街头小游园

在城市干道旁供居民短时间休息用的小块绿地称为街头休息绿地,主要指沿街的一些较集中的绿化地段,常常布置成"小游园"的形式。街头小游园的宽度一般要大于 8 m,面积多数在 1 hm^2 以下(图 3.29)。

图 3.29 路侧绿带常见形式为街头小游园

　　街头小游园的设计不拘泥于形式,只要街道宽度满足,且有一定面积的空地,均可开辟为街头小游园。因此,在城市绿地不足的情况下,可用街头小游园来提高城市绿地的比重。旧城市改造时,在稠密的建筑群里要求开辟集中的大面积绿地是很困难的,在这种情况下,发展街头小游园也是个不错的途径。

　　街头小游园的平面形式各种各样,面积大小相差悬殊,周围环境也各不相同,但在布置上大体可分为4种类型,即规则对称式(如模纹花坛、整型绿篱、列植树木等)、规则不对称式、自然式(乔灌草花相结合,形成生态空间)和混合式。它们各有特色,具体采用哪种形式,要根据绿地面积大小、轮廓形状、周围建筑物(环境)的性质、附近居民情况和管理水平等因素来进行选择,力求做到美化街景,增加景观层次,同时保证其各项功能(图3.30、图3.31)。

图3.30　以模纹花坛组成的街头小游园　　　图3.31　以模纹花坛组成的街头小游园

　　街头小游园的设计内容包括定出入口,组织空间,设计园路、场地,选择安放设施,进行种植设计。这些都要按照艺术原理及功能要求进行考虑。

　　以休息为主的街头小游园中,道路、活动场地可占总面积的30%~40%;以活动为主的街头小游园中,道路、活动场地可占60%~70%。但这个比例会因绿地大小不同而有所变化。街头小游园中的设施包括栏杆、花架、景墙、桌椅坐凳、宣传栏、儿童游戏设施以及小建筑物、水池、山石等(图3.32)。

图3.32　街头小游园中的休息设施

3.5.3 路侧绿带植物的选择

一般当路侧绿地宽度不到 4 m,路侧绿带过窄时,则以种植地被植物为主。宽度允许的路段其植物种植形式以自然群落种植为主,一般以高大的常绿树种为背景,前面配置灌木、地被、宿根花卉及草坪等,做到常绿与落叶、乔木与灌木相结合,树木与花卉相结合,形成错落有致的景观(图 3.33)。洞山东路、洞山西路、十涧湖路的外排都是这种自然群落种植的方式。如洞山东路以雪松、广玉兰、蜀桧、合欢、大叶美洲黑杨等作为背景,前面栽植日本晚樱、海棠、夹竹桃、紫薇、木槿、火棘、桂花、蚊母、石楠、红叶石楠等,将成片的金钟、鸢尾、迎春、连翘、小红帽月季等点缀在嫩绿的草坪上,突出了色彩、季相的变化,并根据植物的形态、高低、大小、落叶或常绿、色彩、质地等,形成主次分明,疏落有致,且一季突出、季季有景的效果。

图 3.33 以自然群落种植为主的街头小游园

3.5.4 路侧绿带的设计实例

如图 3.34—图 3.36 所示,该设计为路侧绿带景观设计实例。场地按高低顺序配置不同种类的植物,由低到高分别种植狗牙根(地被植物),杜鹃、木春菊、红花继木、金叶女贞、海桐(花灌木),日本晚樱、香樟(乔木)等。植物的选择考虑到季相的变化,春季以粉色晚樱为主,夏季以黄色的木春菊为主,秋季以黄色的银杏为主,冬季以红色的杜鹃为主。整体道路做到四季有景,移步异景。设计从人的需求出发,将道路每侧按顺序划分为组团绿化、休憩设施和3 m 的游步道。植物采用曲线种植,色彩鲜明,高低有致。

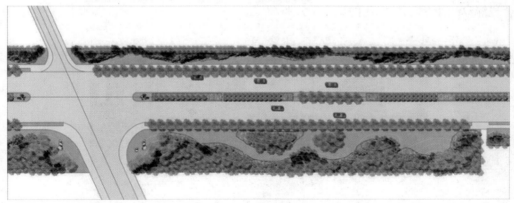

图 3.34 路侧绿带平面图

| 组团绿化 | 休憩设施 | 组团绿化 | 游步道3 m | 组团绿化 |

图 3.35　路侧绿带立面图

图 3.36　路侧绿带效果图

3.6　交通绿岛的设计

交通绿岛是指经过绿化的交通岛用地,其主要功能是诱导交通、美化市容,通过绿化辅助交通设施显示道路的空间界限,起到分界线的作用(图3.37)。作为城市道路绿化的一部分,交通绿岛可形成独具特色的城市节点性景观。

图 3.37　城市交通绿岛

交通绿岛按其功能及布置位置可分为导向绿岛、分车绿岛、安全绿岛和中心绿岛。本章节刻意淡化交通绿岛的分类,而是以其在整个道路交通系统中的总体地位为出发点,作为一个整体来进行展开说明。

3.6.1　交通绿岛的作用

作为城市道路绿化及城市绿地系统的有机组成部分,交通绿岛具有吸尘、减噪、制氧、调湿等生态效应,从而改善城市生态环境,提高了城市道路的环境质量。通过对交通岛的合理绿化,突出交通岛外缘的线性,显示道路的空间界限,有利于诱导司机的行车视线。特别是在雪天、雾天、雨天,可弥补交通视线的不足,极大地保证行车安全。同时,利用不同的绿化配置增强道路的识别性和方向性,以便于绕行车辆的司机能够准确、快速地识别各路口。

3.6.2　交通绿岛的形式

交通绿岛的形状主要取决于相交道路中心线角度、交通量大小和等级等具体条件。一般多用圆形,也有椭圆形、卵形、圆角方形和菱形等(图3.38)。常规交通岛直径在25 m以上,大、中城市多采用40~80 m。交通绿岛的形式根据交通岛的形状与面积分为可进入式与不可进入式两种。

图3.38　圆形转盘和椭圆形转盘

(1)可进入式交通绿岛

在交通绿岛面积较大且不影响交通安全的前提下,可以设计成供行人进入的街心游园形式,并将其纳入城市文化休闲活动绿地中的一部分(图3.39)。以交通绿岛的特殊位置、周边立地条件为出发点,其设计风格应以规则式为主,其内设置园路、座椅等园林小品和休憩设施,或纪念性建筑等,以便供人作短时间休憩。交通绿岛内的活动空间与周围道路之间要求有一定程度的隔离,来满足在其内活动的游人的私密性及安全性。同时,也避免对外界交通有所干扰,而这种隔离主要以布置植物来实现。

(2)不可进入式交通绿岛

不可进入式交通绿岛主要用于引导交通,在设计时应将交通绿岛作为一个整体考虑,以达到完好的立面和平面效果(图3.40)。以建筑式雕塑、市标、组合灯柱、立体花坛、花台等园林小品或植物作为构图中心,在竖向上成为诱导视线的标志,但其体量、高度等不能遮挡行车视线。平面构成上要强调整体的统一性、流畅性,这种要求难以通过硬质材料来完成,而是通过植物树种的统一、颜色的搭配、线条的协调来表现。

图 3.39　可进入式交通绿岛　　　　图 3.40　不可进入式交通绿岛

3.6.3　交通绿岛的绿化形式

　　交通绿岛最容易成为人们视觉上的焦点,其绿化形式主要有两种:一种是大型的模纹图案模式,将花灌木根据不同的线条造型进行种植,形成大气简洁的植物景观;另一种是苗圃景观模式,将人工植物群落按乔、灌、草的种植形式种植,密度相对较高,在发挥其生态和景观功能的同时,还兼顾了经济功能,为城市绿化发展所需的苗木提供了有力的保障(图 3.41、图 3.42)。

图 3.41　模纹图案交通绿岛　　　　图 3.42　郴州燕泉路桃花林交通绿岛

3.6.4　交通绿岛的植物景观设计

1)交通绿岛的平面设计

　　交通绿岛的视觉受益群体为绕行于此的驾驶者,过细的植物雕琢会分散驾驶者的精力,影响车辆运行安全系数。因此交通绿岛的平面设计更重视绿化的整体感,要求绿化要以大色块、大组团构成整体概念模式出现(图 3.43)。同时,绿岛是线性连续通道上的连接点,要与相连的道路绿化风格相协调。

图 3.43　西班牙交通岛上植物的色彩呈现整体感

2)交通绿岛的植物景观设计

交通绿岛的植物景观设计在行车视距范围内要采取通透式栽植,以保证安全视距。绿化以草坪、花卉为主,可用几种不同质感、不同颜色的低矮常绿树、花灌木和草坪组成模纹花坛(图3.44)。其图案应简洁,曲线优美,色彩明快,不能过于繁复、华丽,以免分散驾驶员的注意。也可布置修剪成形的小灌木丛,在中心种植一株或一丛观赏价值较高的乔木加以强调。小乔木和灌木适宜选用大叶黄杨、金叶女贞、紫叶小檗、杜鹃、月季、苏铁等。

图3.44　形式多样的交通岛上植物景观配置形式

由于交通岛特殊的绿化位置及绿化要求,树种的选择上应不完全同于行道树。其首先要考虑抗性强的树种,尤以乡土树种为主,以便能适应交通绿岛的粗放管理。同时树木的冠形应具有较强的可塑性,树形具有向上的伸展性和聚合性,如尖塔形、圆锥形等,以形成空间上的视觉焦点。种植时应尽量采用慢生树种,以保持景观的持久性,从经济的角度出发,它还可以减少再次投资。

3.6.5　交通绿岛的设计实例

如图3.45和图3.46所示,该项目采用简洁、干练的设计风格,在满足交通功能需求的同时,符合现代快捷交通条件下人的视觉审美需求。设计重点是围绕植物造景,根据植物树种及花草的不同特性,结合周围环境合理布置,营造四季变换的自然景观,该设计充分考虑绿地所处位置的自然地理环境,通过植物的栽植减少了道路噪声、净化了空气,达到生态的可持续发展。植物的配置以色叶的杜鹃、金叶女贞、红花檵木、红叶石楠、大叶黄杨、小叶栀子花灌木

图3.45　交通岛景观设计平面图

为主,适量点植四季桂、红叶李、紫薇等小乔木为辅,使转盘在景观色彩和层次上更加丰富。绿化形式以弧线为主,简洁流畅,富有韵律,色彩对比明显,细部特色分明。绿化植物丰富而有序,体现出现代景观的细致之美(图3.47)。

图 3.46　交通岛景观设计立面图

图 3.47　交通岛景观设计效果图

3.7　停车场绿化设计

停车场是城市交通的重要组成部分,其绿化是城市园林景观的有机组成部分。随着交通设施的不断完善,停车场的数量在大幅度攀升,停车场面积占城市用地面积的比重也在逐年增加。其中,沿街停车场所占比例较大。由于沿街停车场绝大部分面积无绿荫建设,地表及停放其中的车辆全都暴晒在烈日下,吸收大量的热量。因此,沿街停车场也加剧了城市的热岛效应。

停车场绿化设计是指针对停车场实际情况,采取合理的绿化方式对停车场进行绿化,包括停车位铺装绿化、停车场内隔离带绿化和停车场边缘绿化。主要用于阻挡阳光暴晒的车辆,同时能净化空气、阻挡沙尘、消弱噪声,使城市绿化覆盖量得到一定提高,改善停车场生态效应(图3.48)。

停车场一般分为沿街停车场、小区停车场和树林式停车场。本章节隶属城市道路植物景观设计,因此,着重讲述沿街停车场绿化的设计。

图 3.48 生态停车场植物景观设计

3.7.1 停车场绿化的设计原则

1)充分绿化原则

停车场应尽可能创造条件进行绿化,在满足停车需求的同时尽可能增加绿化面积。其绿化应以落叶乔木为主,有条件的地方做到乔、灌、草相结合,不得裸露土壤,以发挥植物最大的生态效益。植物材料的选择应遵循适地适树的原则,以植物的生态适应性为主要依据。停车场绿化应选用较大规格苗木并确定适宜的种植间距。

2)安全原则

停车场绿化树木与市政公用设施的相互位置应统筹安排,并应保证树木有必要的立地条件与生长空间。停车场绿化应符合行车视线和行车净空要求,保证停车位的正常使用,不得对停放的车辆造成损伤和污染,不得影响停车位的结构安全。停车场绿化的设计和施工除应符合本指导书外,尚应符合国家及地方现行有关标准规范的规定和环境保护的有关规定。

3.7.2 停车场绿化形式

1)树阵式停车场

该形式停车场的绿荫,通过栽植高大乔木来形成。乔木以树阵形式栽植在树穴内。如图3.49 的形式中,乔木以"品"字形交错栽植。在两列停车位间栽植树列,相邻乔木间留有 2~3个停车位,相邻树列的树种可错开选择落叶或常绿乔木,形成一定的景观效果。该形式适合中小型车垂直式停车布置的停车场。

2)乔灌式停车场

该形式停车场的乔木栽植于隔离带或停车场周边绿地上,隔离带内配置的花灌木、地被等植物与乔木共同形成良好的景观效果,即在整排停车位一侧及 2~3 个车位之间各设有绿化隔离带。车位间的隔离带上栽植的乔木以落叶为主,停车位一侧隔离带上栽植的乔木以常绿为主。该形式适合各类型车垂直式停车布置的停车场,隔离带形式包括草坪隔离带、绿篱隔离带及花灌木与地被隔离带 3 种(图 3.50)。

图 3.49　树阵式停车场

图 3.50　乔灌式停车场

3)棚架式停车场

　　该形式是在停车位上方搭建棚架,棚架内或周围设置栽植槽以栽植藤本植物。藤本植物攀爬上架与停车场周围配植的叶乔木或具有一定高度的灌木形成良好的景观效果。棚架的形式和材质可根据周边环境而定,棚架的高度可根据具体停放的车型而定,棚架设计需符合结构力学原理。常用的棚架建筑材料有金属材料、混凝土材料、石材、仿木材料等。如图 3.51所示为钢管材质的棚架。该形式适合面积较小的中小型车垂直式停车布置的停车场。

图 3.51　棚架式停车场

4)植草砖铺装停车场

植草砖铺装停车场在各类生态停车场中十分常见,在提高停车场生态效益和美化停车场上起到了很好的作用,尤其在露天停车场,水泥的铺设会阻碍下层土壤的透气,土壤所吸收的辐射热也较难散出,面积一大,就容易导致城市出现热岛效应。

但若全部进行草皮铺设或植物种植,则频繁的车辆出入会迅速降低植物的存活率,出现后期管理成本高的现象。雨天会出现打滑的现象,不方便驾乘人员和管理人员的活动。因此,铺设植草砖就是一种较为折中的办法。镂空的植草砖为植物提供了一定的生存空间,并且让土地也能适度呼吸;能承受重压,同时让植物不会因踩踏或轮胎压碾而夭折,也不用担心大雨来袭满地泥泞。透水性佳的植草砖也可防止雨水冲刷土壤,还能储水保持草皮湿度。并且能使停车与绿化功能合二为一,实现停车场硬化与绿化的有机结合(图3.52)。

图 3.52　植草砖停车位

植草砖铺装是由植草砖和绿植两个部分组成。植草砖是由混凝土、河沙、颜料等优质材料经过高压砖机振压而成,具有很强的抗压性,铺设在地面上有很好的稳固性,能经受行人、车辆的辗压而不被损坏;绿植一般选用耐久性好,适应强的草坪草或地被植物,植物的高度等于或稍大于植草砖的高度。而植物的根部是生长在植草砖下面,车辆碾压不会令其草根受到伤害,同时,植物的加入又提高了停车场的绿化面积(图3.53)。

图 3.53　植草砖铺装的组成

植草砖常用颜色为灰色、黑色、白色,其他颜色可定做。其材料本身具有抗老化,耐腐蚀的性质,可重复使用。植草砖的形状分井字形、背心形、单8字形、双8字形和网格形等。使用寿命在 40 年以上、绿植一般 8 年复种一次。强度一般为 30 MPa。能够提高整体 30% 以上的绿化率(图 3.54)。

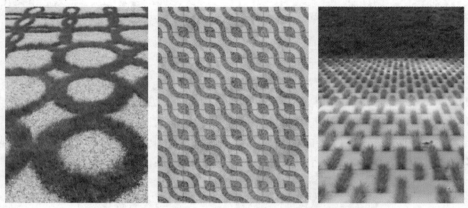

图 3.54　常见的植草砖颜色和形状

3.7.3　停车场绿化的分类及设计要点

停车场绿化包括停车位铺装绿化、停车场内隔离带绿化和停车场边缘绿地绿化(图 3.55、图 3.56)。

图 3.55　停车场内隔离带绿化

图 3.56　停车场边缘绿地绿化

①停车场内可设置停车位隔离绿化带;绿化带的宽度应≥1.5 m;绿化形式应以乔木为

主;乔木树干中心至路缘石距离应≥0.75 m;乔木种植间距应以其树种壮年期冠幅为准,以不小于4.0 m为宜。

②停车场边缘应种植大型乔灌木,有条件的可采用乔、灌、草相结合的复层种植形式,为停放的车辆提供庇荫保护,起到隔离防护和减噪的作用。

③停车场庇荫乔木枝下净空标准:小型汽车应大于2.5 m;中型汽车应大于3.5 m;大型汽车应大于4.0 m。

3.7.4 停车场植物种植设计

停车场在设计绿化带、树池形式、选用树种以及具体方案时,要根据停车场所处的位置、总体规划、设置规模、停车形式、车容量等进行综合考虑,不能生搬硬套。

1)树种选择

停车场绿化与普通绿□□□□区别,绿化植物的选择应以形成绿荫为主,景观为辅。乔木宜选用冠大荫浓、寿□□□□□□简便的品种。选择时应考虑到树形本身的遮阴效果,以达到夏日能降低车内□□□□□57)。分枝点高,枝条韧性强的树种有利于车辆的安全行驶,同时要考虑病虫□□□□□、易于移栽的树种。为了节约养护成本,耐干旱和耐瘠薄树种也应考虑在内。□□□□树阵的乔木:悬铃木、黄连木、乌桕、榉树、朴树、旱柳、银杏、苦楝、香樟等。这些树种成型后,树形扩展,枝条茂密,可减轻日光对车辆的暴晒。灌木、藤本植物应选用抗污染、耐修剪、应用效果良好的品种。宜作为停车场边缘种植的植物有灌木海滨木槿、珊瑚树、木槿、夹竹桃油麻藤、紫藤、木香、西番莲等。

图3.57 停车场绿化设计树种选择

2)种植方式

以乔木为骨干树种,常绿和落叶乔木相间种植,底层分布花灌木球和草皮于车位之间的绿化带及周边,构成丰富的植物群落结构。或采用乔木和微地形草坪相结合的方式形成自然开敞的景观空间(图3.58)。

应保证乔木种植株行距≤6 m,种植数量≥4行×4列。停车场内采用树池形式绿化时,树池规格应≥1.5 m×1.5 m。树池上应安装保护设施,其材料和形式要保证树池的透水透气需求。

在渗水砖砌块或混凝土预制砌块的孔隙或接缝中栽植草皮,使草皮免受行人和车辆的践踏碾压,砌块图案形式不一,厚度应≥100 mm,植草面积应≥30%。砌块孔隙中种植土的厚度以不小于 80 mm 为宜,种植土上表面应低于铺装材料上表面 10~20 mm。植草铺装排水坡度应≥1.0%。

图 3.58　停车场植物种植方式

3)景观效果

常绿和落叶乔木混植,形成丰富的季相变化。采用条形微地形草坪构成停车场的界限,点缀适量花灌木,形成自然优美的景观效果。总体上强调植物景观的连续性和层次感(图 3.59)。

图 3.59　停车场植物景观效果图

3.7.5　停车场绿化的设计实例

该设计的重点在于完善停车设施,同时改善停车场生态环境,减少由于停车空间的增加为环境带来的生态负担。停车场绿化的功能性远大于观赏性,于是在停车场绿化设计中,植物的选择与配置以乡土乔木为主,采用乔、灌、草相结合的复层种植形式。一方面在保证绿化面积的前提下将成本进行了合理的管控,另一方面也方便了后期的维护。停车场边缘种植大型乔木,为车辆提供庇荫保护,并起到隔离防护和减噪的作用。适量色叶灌木的栽植也在很大程度上提高了场地的活力,使得停车场绿化景观在保证功能性的前提下更具观赏性(图3.60—图3.61)。

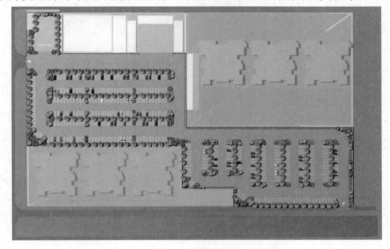

图 3.60　停车场绿化设计平面图

图 3.61　停车场绿化设计效果图

习　题

1.简述城市道路植物景观的作用。

2.城市道路植物景观设计的原则是什么?

3.简述行道树绿带的分类及种植要点。

4.简述分车绿带和道路绿带的定义。

5.简述路侧绿带与建筑红线的关系。

6.城市道路绿地的含义是什么?

7.城市道路绿地包含哪些内容?

8.分车绿带的种植形式有哪些?

9.行道树定植株距的要求是多少米?

10.路侧绿带的种植方式有哪些?

城市道路路面设计

随着城市的不断发展和人民生活水平的不断提升,人们对于事物的追求,不再仅仅只满足于其使用功能,同时对于其"颜值"的要求也越来越高。城市道路作为交通的承载体,在保证其车辆和行人通行的功能外,人们也要求其应拥有"景观"的属性。

4.1 概述

城市道路路面铺装具有功能多样、艺术形式多样、可用材料多样等特点,是城市道路景观设计的重要组成部分。

4.1.1 道路铺装的概念

城市道路的路面结构自上而下主要分为面层、基层和垫层,而其中能构成人们所能欣赏的"景观"的为面层,面层的铺贴材料和铺贴形式构成了道路铺装景观。道路铺装应使用不同材质、不同颜色的物料,运用多种拼贴方式对路面进行拼铺修饰,以满足人们行车、步行、休憩、游览等行为的需求。

4.1.2 道路铺装的功能

城市道路铺装主要有下述功能。

1)承载交通

城市道路作为交通的承载体,其铺装应该要具有足够的强度和适宜的刚度,良好的稳定性,较小的温度收缩变形,应该坚实、平整、稳定、耐久,具有良好的抗滑能力,以保证车辆的通行顺畅及行人出行的安全与舒适,这是铺装景观最基本的功能要求,如图 4.1 所示。

图 4.1　城市道路承载交通

2)图示功能

城市道路铺装可运用不同的颜色、材料、拼贴样式等来区分不同使用功能或不同交通性质的道路区间,如车行道与人行道的边界划分,除了可通过形成一定高差来分隔人与车外,同时还可以通过不同的铺装来起到视觉上的提醒作用;在车行道上,各大城市目前也是惯用采取铺贴不同颜色的材料或材质来区分机动车道和非机动车道,如图 4.2 所示。另外,整体且有序列感的铺装设计,也可产生强烈的方向性和诱导性,可指引行人或车辆到达目的地。

图 4.2　不同的铺装区分不同

3)美化功能

城市道路通过铺装的材料、色彩、质感及具有美感的图案设计,营造出优美舒适的通行、停留和游憩空间,为城市增添了色彩,美化了城市形象,提升了城市品位,如图 4.3—图 4.6所示。

图 4.3　不同颜色地砖组成多维立体感　　图 4.4　流线型的整体铺装图案产生流动感

图 4.5　多种材料拼贴主题图案　　　　图 4.6　鹅卵石拼贴的小径

4.1.3　道路铺装的原则

1)安全实用原则

安全实用应是城市道路建设最基本的原则,是城市道路存在的基本前提。铺装也是如此,城市道路铺装的设计旨在为人们营造一个具有安全性、便利性和舒适性的出行环境。因此,在进行铺装设计时,应注意材质的选用、图案的组织以及高差的处理等问题,如图 4.7、图 4.8 所示。

图 4.7　铺装材料防滑且图案美观　　　图 4.8　高差变化处选用防滑材料
　　　　　　　　　　　　　　　　　　　　　　　或进行防滑处理

2)绿色生态原则

目前,城市化进程的加快,引发了一系列生态问题,如何保护好我们赖以生存的生态环境,已迫在眉睫。建设"绿色城市""海绵城市""生态之城",正是我们正在探索的重要课题。现代城市由于发展的需求使得过多的铺装面积替代了原本绿地,众多城市出现雨季内涝严重、旱季严重缺水等问题,"看海"已成为这些城市的"重要一景"。因此,设计师在进行城市道路铺装设计时,应坚持绿色生态原则,在保证使用功能的同时,选用地方性、透水性材料,以减少地表径流,使雨水能够渗入地下,补充地下水,并在一定程度上改善城市热岛效应,如图4.9所示。

图4.9　生态透水铺装

3) 文化艺术原则

为了充分展现城市形象,城市道路铺装设计应具有一定的艺术性,并结合周边环境,将城市的风情与风俗,以及历史文化因素考虑其中,通过这些特色性元素的融入,使城市各方面都能展现出地域特色,增加城市魅力,提升城市形象,实现对文化的传承与延续。

4.1.4　高差变化的处理

在城市道路设计中,为区分不同的使用空间(如人行道与车行道、人行道与路边休憩空间),可设置一定的高差来避免相互产生干扰,以保证各使用空间的安全性,如图4.10所示。高差通常采用坡道和台阶来过渡。为体现城市的人文关怀,保障残障人士的通行顺畅,城市道路较多使用无障碍坡道来解决道路中出现的高差问题(图4.11),并在将要出现高差变化的地方设置提示盲道。

图4.10　设置高差区分　　　　图4.11　无障碍坡道方便残障人士
　　　不同使用功能　　　　　　　　和其他有需要的人们使用

4.2　铺装结构及材料

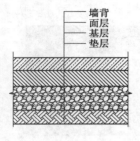

图 4.12　道路铺装结构

城市道路铺装结构可分为面层、基层和垫层,如图 4.12 所示。路面结构层所选材料应满足强度、稳定性和耐久性的要求。其中,面层应满足结构强度、高温稳定性、低温抗裂性、抗疲劳、抗水损害及耐磨、平整、抗滑、低噪声等表面特性的要求;基层应满足强度、扩散荷载的能力以及水稳定性和抗冻性的要求;垫层应满足强度和水稳定性的要求。近年来,随着对城市道路环保和景观要求的日益提高,对材料的选择也提出了新的要求。

城市道路路面铺装材料多种多样,根据铺装材料的不同做法,主要分为整体路面材料、天然块料、人工合成材料、木材、碎料材料等。

4.2.1　整体路面材料

整体路面材料主要包括水泥混凝土材料、沥青混凝土材料等。水泥混凝土指用水泥作胶凝材料,砂、石作集料;与水(可含外加剂和掺合料)按一定比例配合,经搅拌而得的一种混合料。沥青混凝土是一种人工选配具有一定级配组成的矿料,碎石或轧碎砾石、石屑或砂、矿粉等,与一定比例的路用沥青材料,在严格控制条件下拌制而成的混合料。该类材料具有强度高、稳定性好、耐久性好、抗滑性能好等特点,尤其是沥青混凝土还具有噪声小、不易扬尘等特点。因此,该类材料主要运用于车行道、停车场或者某些人流相对集中的场所。

4.2.2　天然块料

天然块料主要为天然的石材,主要有花岗岩、大理石、青石板等,在城市道路建设中多能见到天然石材,天然石材本身具有美观的纹理,通过加工,可留下石材表现的火烧、条纹等自然面效果,还可形成荔枝面、剁斧面、拉丝面、蘑菇面、酸洗面等面层效果。天然石材作为铺装材料,可使路面更加坚固、耐用、美观、高档,但整体造价非常高,因此该类材料主要是应用于广场和部分重要道路的人行道中。

4.2.3　人工合成材料

应用于道路铺装的人工合成材料主要包括烧结砖、广场砖、透水砖、水泥地砖、水磨石地砖、人造花岗岩等,这类铺装具有坚固、平稳、便于行走、色彩及图案丰富等特点、与天然石材相比,其价格更加低廉,可广泛运用于城市人行道、广场或通行轻型车辆的地段。

4.2.4　木材

在铺装材料中,木材主要有原木和塑木两种。原木地板和塑木地板主要运用于城市道路中的一些特殊地段,如木栈道、广场局部、路边观景平台或休憩区域等。原木地板质感独特,生态舒适,易与自然环境相协调。木塑是国内外近年蓬勃兴起的一类新型复合材料,由于木塑复合材料内含塑料,因而具有较好的弹性。另外,木塑材料还具有防水、防潮、防虫、防白蚁、安装简单、不易变形、可塑性强等优点,与原木材料相比,更适宜作为户外铺装材料。

4.2.5 碎料材料

碎石材料主要应用于各种游憩、散布的小路,或作为装饰图案镶嵌在街道或广场铺装中,将各种碎石、瓦片、水洗石、卵石等碎拼在一起,既经济,又富有装饰性。

4.3 车道的铺装

城市道路车行道铺装面层类型的选用需考虑道路的类型和等级,在设计中还应针对不同性质、功能的场所选用相应的铺面类型。车行道路面铺装直接受阳光、雨雪、冰冻等温度和湿度及其变化的作用,并直接承受汽车车轮的作用,因此,应具有足够的结构强度、高温稳定性、低温抗裂性、抗疲劳、抗水损害。为保证交通安全和舒适性,面层还应具有良好的平整度和足够的抗滑能力。

城市道路车行道路面可分为沥青路面、水泥混凝土路面和砌块路面三大类:

4.3.1 沥青路面

沥青路面面层类型包括沥青混合料、沥青贯入式和沥青表面处治。沥青混合料适用于各交通等级道路;沥青贯入式与沥青表面处治路面适用于中、轻交通道路。沥青混凝土路面表面平整无接缝、柔性好、噪声小,具有明显的行车舒适性、耐磨性等优点,但受到沥青材料感温性的限制,沥青面层结构的强度受温度变化影响较大,如图4.13、图4.14所示。

图4.13　城市道路沥青路面　　　　图4.14　沥青路面施工

4.3.2 水泥混凝土路面

水泥混凝土路面面层类型包括普通混凝土、钢筋混凝土、连续配筋混凝土与钢纤维混凝土,适用于各交通等级道路。水泥混凝土路面刚度大,扩散荷载能力强、稳定性好、抗压、抗折性能好,耐久、使用寿命长,但是它也有着不可忽视的缺点:接缝较多,噪声大、影响行车舒适性;同时,抗滑、表面耐磨性能的构造和保持的技术难度大,如图4.15所示。

图 4.15　城市道路水泥混凝土路面

4.3.3　砌块路面

砌块路面适用于支路、广场和停车场。用于城市道路路面铺装的砌块路面多为天然石材路面和混凝土预制块路面,如图 4.16、图 4.17 所示。天然石材包括规则板材和碎拼板材,规则板材有块石、条石、拳石或小方石等,其中最常用的为条石;混凝土预制砌块包括普通型混凝土和联锁型混凝土砌块。砌块路面面层的适宜厚度如表 4.1 所示。

图 4.16　小方石铺装停车场　　　　图 4.17　水泥混凝土预制嵌草砖停车场

表 4.1　砌块路面面层的适宜厚度

项　目	类　型			
	普通型混凝土	联锁型混凝土砌块		石　材
	支路、广场、停车场	大型停车场	支路、广场、小型停车场	支路、广场、停车场
砌块厚度	≥80 mm	≥100 mm	≥80 mm	≥80 mm

4.4　步道的铺装

步道指城市道路红线范围内规划确定的用路缘石、护栏及其他类似设施加以分隔的供行人通行和铺设其他设施的区域。步道的铺装主要包含道路红线范围内的人行道和广场铺装,其铺面应满足稳定、抗滑、平整、生态环保和城市景观的要求,其设计应具有实用性、经济性、美观性和耐久性。

4.4.1　人行道的铺装结构

人行道铺面结构一般由面层、整平层、基层和垫层等组成,如图 4.18 所示。其结构设计主要考虑行人的荷载作用,故应按使用功能要求确定结构组合和各结构层厚度,达到整体强度和稳定性。各结构层的适宜厚度如表 4.2 所示。

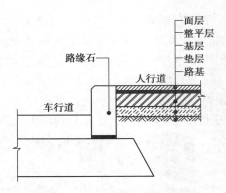

图 4.18　常规人行道铺装结构

表 4.2　各结构层的适宜厚度

项　　目	结构层类型	适宜厚度/mm	
		无车辆荷载	有车辆荷载
面层	水泥混凝土预制砖(板)	50~60	≥80
	透水砖	60	≥80
	现浇水泥混凝土	100~150	≥200
	石板材	≥30	≥60
	广场砖	≥15	不宜使用
	沥青混凝土	≥40	≥50
整平层	水泥砂浆	20~30	20~30
	中、粗砂	20~30	20~30
柔性基层	级配碎石	100~200	不得使用
刚性基层	水泥混凝土	100~150	150~220
半刚性基层	水泥稳定碎石	100~200	200~300
	透水性水泥稳定碎石	150~250	250~350
垫层	级配碎石、砂砾石等	100~150	100~200
	矿渣、路面旧料等	100~180	100~200

注:①资料来源:重庆《城镇人行道设计指南》DBJ50/T—131—2011;
②有车辆荷载指路段停放单辆机动车总重小于 3 t 的轻型车。

4.4.2　常用的铺装材料

彩色沥青混凝土的材料主要为脱色沥青、颜料、集料以和填料等,将这些材料在特定的温度下进行混合拌和,即可配制成各种色彩的沥青混合料,再经过摊铺、碾压即可形成具有一定强度和路用性能的彩色沥青混凝土路面,如图 4.19 所示。该路面具有良好的路用性能,稳定性高、抗水损坏性强、耐久性好,且不易出现变形,其色彩鲜艳持久,维护方便,具有良好的弹性和柔性,适宜行走。

彩色透水混凝土属于人造多孔材料,其内部构造是由一系列与外部空气相连通的多孔结构(蜂窝状)构成,具有很强的透气性、通气性、透水能力和保水性,其容重小、强度高、耐久性高,如图 4.20 所示。透水性混凝土对缓解城市热岛效应、减少城市内涝的发生、补充地下水、保护城市生态平衡等方面具有重要的作用和意义。

随着"海绵城市"建设在全国范围的推广和普及,透水混凝土将逐渐代替传统普通的不透水材料,以缓解城市路面的排水压力。透水混凝土铺装还可以和蓄水池、下沉式绿地等形成雨水收集与利用系统,充分利用雨水资源美化环境,保持生态平衡。

图 4.19　彩色沥青混凝土非机动车道　　　　图 4.20　彩色透水混凝土试块

彩色沥青混凝土和彩色透水混凝土可用于自行车道或慢跑道、步行街、广场等地,以区分道路的使用功能(图 4.21),也可改变路面单一的色调,通过专用的模具在地面上压制,使地面永久地呈现各种图案色泽等,达到美化城市的目的;又可用于人行横道、十字路口及事故多发地段,以达到提示与警醒的作用,保护人们的生命安全。

图 4.21　彩色透水混凝土路面

花岗岩砖为天然花岗岩经加工而成,花岗岩是常用的装饰石材之一,具有品种丰富,颜色多样,且质地坚硬,经久耐用,抗污能力强易维护等特点,但其成本较高,因此天然的花岗岩板主要应用于城市部分重要路段及广场,如图 4.22 所示。

在城市道路建设资金有限的情况下,可使用仿花岗岩砖代替天然花岗岩砖,仿花岗岩砖是以高质量水泥、天然花岗岩石、大理石或方解石、白云石、天然碎石粒为粗细骨料,经配制、搅拌、加压蒸养、磨光和抛光后制成,在制作过程中还可加入颜料等,制作成彩色仿花岗岩砖。

仿花岗岩具有天然花岗岩的质感和色调,可替代天然花岗岩用于人行道的铺装工程。花岗岩砖平面尺寸常按 300 mm 模数控制,用于人行道铺装的常用平面尺寸为 600 mm×300 mm 和 900 mm×600 mm,如图 4.23 所示。

图 4.22   花岗岩路面 　　　　　　　　　　图 4.23   仿花岗岩路面

　　透水砖也称为渗水砖,以矿渣废料、废陶瓷等原料,经压制加工而成,其孔隙率可达 20% ~ 25%,是一种新型户外地面铺装材料,如图 4.24 所示。其透水性主要通过材料本身具有多孔性的透水结构以及砖与砖之间接缝的透水通道来实现。

　　透水砖具有保持地面的透水性、保湿性,防滑、高强度、抗寒、耐风化、降噪、吸音等特点。对减少和净化地表径流、缓解城市热岛效应等具有重要意义。透水砖颜色丰富,尺寸也多样,其平面边长可按 100 mm、150 mm、200 mm、250 mm、300 mm 等进行选用。

图 4.24   透水砖路面

　　广场砖属于耐磨砖的一种,砖面体积小,多采用凹凸面的形式,具有防滑、耐磨、抗压、修补方便等特点,如图 4.25 所示。主要用于广场、人行道等大面积的地方,其平面规格以 100 mm× 100 mm 为主,也可用 100 mm×200 mm 或 200 mm×200 mm 等尺寸。

　　广场砖色彩也较多,如白色、白色带黑点、粉红、果绿色、黄色、斑点黄、灰色、浅斑点灰、深斑点灰、浅蓝色、紫砂黑、黑色、红棕色等。根据城市道路的铺装设计要求,通过选用不同规格、色彩的广场砖,可以拼贴组合出多种多样的图案。

　　水泥混凝土预制砖是将干硬混凝土通过挤压、振动等方法在专用模具中成型后的混凝土砌块,如图 4.26 所示,按成品颜色可分为彩色和素色两种,常用平面规格有 250 mm×250 mm,

300 mm×300 mm。

图 4.25　广场砖路面

图 4.26　水泥混凝土预制嵌草砖路面

木地板和塑木地板具有自然质感,户外常用木地板规格为 30 mm×100 mm、30 mm×120 mm、45 mm×95 mm、45 mm×120 mm、50 mm×150 mm 等,如图 4.27、图 4.28 所示。在进行木地板和塑木地板施工时,需在平整地面上安装龙骨,每根龙骨的间距在 30~50 mm,另外每块地板之间需留 5 mm 左右的伸缩缝,防止热胀冷缩导致地板变形。

图 4.27　街角木铺装平台

图 4.28　塑木铺装

卵石为一种天然的石材,是岩石经自然风化、水流冲击和摩擦所形成的表面光滑的卵形、圆形或椭圆形的石块。它质地坚硬,色泽鲜明古朴,具有抗压、耐磨耐腐蚀的特性。卵石主要应用于花园小径的铺贴,在城市道路中主要作为装饰性材料,用以拼贴图案图形或作为大面积铺装的分隔带或边界,如图 4.29 所示。

水洗石是选用天然河、海卵石或砾石与水泥按一定比例搅拌并涂抹在基层上,用负重工具压平后再处理表面黏合物,露出石子原貌的一种装饰做法,如图 4.30 所示。由于原材料有颜色且形状丰富,因此可以装饰出丰富的形状和图案。水洗石路面施工流程主要有基层施工、基层表面清理并找平、砾石与水泥搅拌、打底、涂抹、固化、洗去表面粘合物、涂抹保护剂。

图 4.29 卵石作为铺装分隔带或边界

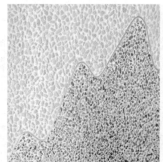
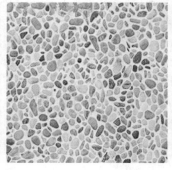

图 4.30 水洗石铺装

4.5 挡土墙选型

挡土墙是保护边坡稳定及其环境安全的构造物,是一种边坡支护结构。挡土墙由墙顶、墙面、墙背、墙身、墙趾、墙踵、基础和基底组成,如图 4.31 所示。

用于城市道路路基的边坡支挡的挡土墙按材料分类,主要有毛石挡土墙、砖石挡土墙、混凝土挡土墙和钢筋混凝土挡土墙,如图 4.32 所示。

按结构分类,主要有重力式挡墙、衡重式挡土墙、悬臂式挡土墙、扶壁式挡墙、板桩式挡土墙等,如表 4.3 所示。其中重力式挡土墙是依靠自身重力使边坡保持稳定的支护结构,采用重力式挡

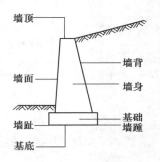

图 4.31 挡土墙结构

墙时,土质边坡高度不宜大于 10 m,岩质边坡高度不宜大于 12 m,重力式挡墙材料可使用浆砌石、条石、毛石混凝或素混凝土;衡重式挡土墙是指利用衡重台上部填土的重力而墙体重心后移以抵抗土体侧压力的挡土墙,其实际上也是重力式挡土墙的一种。

悬臂式挡土墙是由底板和固定在底板上的直墙构成,主要靠底板上的填土重量来维持稳定的挡土墙,一般为钢筋混凝土结构。

扶壁式挡土墙是指沿悬臂式挡土墙的立臂,每隔一定距离加一道扶壁,将立壁与踵板连接起来的挡土墙,一般也为钢筋混凝土结构,悬臂式挡土墙和扶壁式挡土墙均适用于地基承载能力较低的填方边坡工程,悬臂式挡土墙和扶壁式挡土墙的适用高度对悬臂式挡土墙不宜

图 4.32　毛石挡土墙和钢筋混凝土挡土墙

超过 6 m,对扶壁式挡土墙而言不宜超过 10 m。

板桩式挡土墙是利用板桩挡土,靠自身锚固力或设帽梁、拉杆及固定在可靠基础上的锚板维持稳定的挡土墙,适用于开挖土石方可能危及相邻建筑物或环境安全的边坡、填方边坡支挡以及工程滑坡治理,挡板可采用预制板或现浇板。

表 4.3　主要挡土墙类型

挡土墙类型	重力式							衡重式	悬臂式	
	仰斜式	折背式		直立式			俯斜式				
挡土墙名称	仰斜式路肩墙	折背式路堤墙	折背式路堑墙	直立式路肩墙	直立式路堤墙	直立式路堑墙	俯斜式路肩墙	俯斜式路堤墙	衡重式路肩墙	悬臂式路肩墙	悬臂式路堤墙
图示											
挡土墙高度	2~10 m			2~8 m					4~12 m	2~6 m	

注:资料来源:04J 008《挡土墙标准图集》。

4.6　路边修饰

路边修饰景观主要包括车挡、路缘石、树池箅子、检查井盖等。

4.6.1　车挡石

车挡石又叫隔离墩,是交通设施的一种,主要设置在城市道路安装信号灯的路口、车站、码头、地铁、天桥和大型公共场所的出入口及周围相连的道路上,以及城市道路有商业路段、路口等地方,能起到分隔保护的作用。其主要材质有:混凝土,石材、玻璃钢、塑料等,如图 4.33、图 4.34 所示。

图 4.33　花岗岩车挡石　　　　　　　　图 4.34　复合材料景观车挡石

4.6.2　路缘石

路缘石是设置在城市道路的分隔带与路面之间、人行道与路面之间、公路的中央分隔带边缘、行车道右侧边缘或路肩外侧边缘的标石,也称为道牙,起着导向、连接和便于排水的作用,如图 4.35 所示。路缘石可分为立缘石和平缘石。其中,立缘石主要设置在道路中央分隔带、两侧分隔带和路侧带等地;平缘石主要设置在人行道与绿化带之间,以及有无障碍要求的路口。

城市道路路缘石可根据道路等级、周边环境等条件采用花岗岩、青条石、预制混凝土路缘石,也可采用花岗岩贴面处理。路缘石尺寸应与道路面层和路缘石基础相协调,在直线地段,路缘石的长度宜使用 900 mm,曲线地段路缘石长度宜使用 450 mm;为保证路缘石的稳定性,路缘石应有足够的深度,宽度应不低于 150 mm。缘石应高出路面边缘高度,在禁止车辆驶上人行道的情况下,缘石高度一般为 200 mm,在允许车辆上人行道的情况下,缘石高度一般为 50~80 mm。

图 4.35　路缘石

4.6.3　树池箅子

树池箅子是一种有孔的盖板,俗称护树板、树池盖板、树围子、树箅子,被广泛的应用于城市道路、公园等两旁的树坑等场所,如图 4.36 所示。树池箅子的颜色、材质(如玻璃钢、铸铁、混凝土、石材、树脂、不锈钢等）、式样丰富,可满足不同的设计需求。使用树池箅子可以保护树木根部不被踩踏,并可减少水分蒸发和水土流失。树池箅子可使树坑或树池与人行道地面的高程一致,消除行人在行走时被树池绊倒的风险,同时又可美化城市环境,提升城市文化品位。

图 4.36　常见树池箅子样式

4.6.4　检查井盖

检查井盖是用于检查井口的封闭物,井盖可开启,便于地下设施的检修与维护,如图 4.37 所示。人行道上的检查井盖宜防盗,且应具有良好的承重性能,有景观要求的地段,为保证人行道铺装图案的完整和延续,宜采用隐形检查井盖,如图 4.38 所示。检查井盖的材料丰富,有灰口铸铁、铸铁球墨、再生树脂复合材料、聚合物基复合材料、钢纤维增强混凝土等。

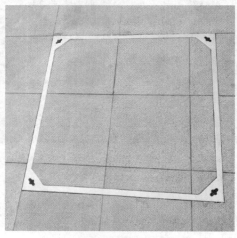

图 4.37　普通检查井盖　　　　　　图 4.38　隐形检查井盖

4.7 城市道路无障碍设计

城市道路在建设时,需进行无障碍设计,以确保有需求的人(如残障人等)能够方便且安全地使用各种设施,提升人民的生活质量。目前我国已颁布了国家标准《无障碍设计规范》(GB 50763—2012)。因此,在做城市道路设计时需严格执行该规范,除此之外,无障碍设计还应符合国家现行的其他有关标准的规定。

城市道路路面设计中的无障碍设计主要涉及的内容有:盲道设计、轮椅坡道的坡面材质选择、无障碍楼梯和台阶的踢面与踏面的设计以及地面无障碍标识系统的设计等。

4.7.1 盲道设计

盲道是指在人行道上或其他场所铺设的一种固定形态的地面砖,使视觉障碍者产生盲杖触觉及脚感,引导视觉障碍者向前行走和辨别方向以到达目的地的通道。盲道主要分为两种:行进盲道和提示盲道。其中行进盲道的表面呈条状形,可使视觉障碍者通过盲杖的触觉和脚感,以指引视觉障碍者可直接向正前方继续行走,如图 4.39 所示。提示盲道表面呈圆点形,主要用在盲道的起点处、拐弯处、终点处和表示服务设施的位置以及提示视觉障碍者前方将有不安全或危险状态等,是具有提醒注意作用的盲道,如图 4.40 所示。目前我国以 250 mm×250 mm 的成品盲道构建居多。当人行道宽度为 2 m 及以下时,可不设置行进盲道,但应在转弯处、缘石坡道的起终点以及其他有变化处设置提示盲道。

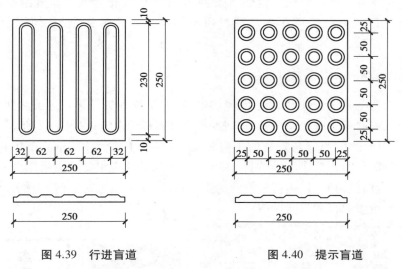

图 4.39　行进盲道　　　　　　　　图 4.40　提示盲道

盲道的颜色一般情况下应按照《无障碍设计规范》中的要求,采用中黄色,因为中黄色比较明亮,更易被发现,如图 4.41 所示。如考虑与人行道铺装色彩协调,也可采用与人行道相近或一致的色彩。

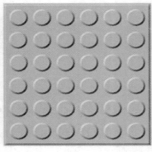

图 4.41　中黄色盲道砖

4.7.2　轮椅坡道的坡面材质选择

为了使乘轮椅者能够行驶舒畅,在选用坡面的材质时,应选用平整、防滑且无反光的,切不可为了防滑而在坡面增设防滑条或者将坡面做成磕踵形式,这会使得轮椅在行进过程中产生颠簸,乘轮椅者容易因此发生危险。

4.7.3　无障碍楼梯和台阶的踢面与踏面的设计

《无障碍设计规范》(GB 50763—2012)中要求:无障碍楼梯和台阶在设计时,距离踏步的起点和终点250~300 mm处需设置提示盲道,以提示视觉障碍者所在位置接近于有高差变化的地方;楼梯踏步的踏面和梯面的颜色宜有区分和对比,以引起使用者的警觉并利于弱视者辨别;由于雨天或冬季地面容易湿滑,楼梯或台阶处易发生危险,因此楼梯和台阶的踏面应选用平整防滑的材质或在踏面前缘宜设防滑条;为防止人们在楼梯和台阶处踏空或摔倒,楼梯和台阶上行及下行的第一阶应在颜色或材质上与平台有明显区别,从而提示此处有高差变化。

4.7.4　路面无障碍标识系统的设计

在进行城市道路路面设计时,应在无障碍通道、停车位等处设置一定的路面标志,该标志应与城市其他无障碍标志牌协调,共同构成城市无障碍标识系统,如图4.42所示。路面通用的无障碍标志,其图形的大小应与观看的距离相协调,规格主要为100 mm×100 mm~400 mm×400 mm,如图4.43所示。为了清晰醒目,国家现行的相关规定中要求需采用两种对比强烈的颜色,当标志牌为白色衬底时,边框和轮椅为黑色;标志牌为黑色衬底时,边框和轮椅为白色。轮椅的朝向应与指引通行的走向保持一致。

图 4.42　停车位无障碍标志

图 4.43　通用无障碍标志

习 题

1.道路铺装景观的概念是什么？

2.城市道路铺装主要有哪些功能？

3.道路铺装的结构主要分为哪几层？

4.根据铺装材料的做法不同,城市道路路面铺装材料主要分为哪几类？

5.城市道路步行道常用的铺装材料主要有哪些种类？

6.路边修饰景观主要包括哪些类型？

5

城市道路景观附属设施设计

道路景观附属设施是指在道路中能够为人们提供服务的各类公用服务设施,其主要类型可以分为道路照明设施、道路标识设施、街道家具及其他(公交车站、电话亭、休息座椅、雕塑、邮筒、报刊亭、垃圾箱、公共艺术品等)。

道路景观附属设施设计是道路景观设计中非常重要的部分,它是城市道路这一线性空间的细部设计,它在一定程度上完善了道路的功能,为居民和游客传递了城市文化与信息,并体现了居民的对生活品质的追求,成为连接人与道路空间的特殊纽带。作为展现城市风貌与形象的公共服务设施,道路景观附属设施应该具有公共性、艺术性、整体性和可识别性。

5.1 道路照明设施

道路照明景观作为城市景观的重要组成部分,是城市特色与活力的重要体现。道路照明景观在一定程度上代表了一个城市的整体形象,能给外来游客带来较为直观的景观感受。道路照明一般包括功能性照明和景观性照明两类,如图 5.1 所示。其中功能性照明主要是给行人、行车提供安全的交通照明条件,保障道路环境的安全性与舒适性;而景观性照明则更侧重于艺术性和装饰性,具有艺术文化特色的灯具造型在白天可以为道路空间增添艺术氛围并体现文化特色,丰富的光源颜色又可在夜晚营造出流光溢彩的现代都市道路夜景空间环境。

(a)功能性照明　　　　　　　　　　　**(b)景观性照明**

图 5.1　功能性照明和景观性照明

5.1.1　照明设施布置的原则

1)功能性原则

照明设施的布置首先应满足其功能性需求,保障居民夜间安全出行的需求,在设计过程中需严格按照相关国家标准,合理选择灯具的布置方式、数量、光源等,以满足视觉要求。

2)艺术性原则

随着城市的发展,城市道路的照明设施不再只需要满足其功能性的原则,而应该作为城市整体的夜间景观来考虑。完整的夜景照明设计不仅可以美化城市外观,还可以连接城市的景观节点,以达到吸引游客,发展旅游业的作用。

道路照明景观在规划与设计时,从灯具的选型到布置方式,再到灯光色彩亮度和强度的控制,均需考虑艺术性原则,注重城市空间布局的协调统一,主次的对比与衔接,以塑造具有个性特色的、美丽和谐的城市夜景景观,如图 5.2 所示。

图 5.2　美丽的城市夜景

3)人文性原则

每座城市都有自己的地域特征和文化魅力,因此,在进行城市的照明景观设计时应要树立多元化的地域文化理念,尊重每个地域的历史记忆与文化情感。设计应结合自然环境特征,延续城市的历史文化,并与时代特色相契合,提高城市的可识别性。如图 5.3 所示,将中式门楣、花窗、灯笼、古亭等要素与现代城市环境相融合,使城市形成具有中国特色的人文景观。

图 5.3　不同地域风格的城市夜景

4)可持续发展原则

在城市道路照明的设计与运行中,需要充分考虑节能环保问题,坚持可持续发展的原则,提高照明灯具的科技含量,注重城市照明新材料、新光源以及新技术的应用,在节约能源、减少光污染的同时,能达到亮化城市、美化城市的良好效果。

5.1.2　道路照明景观设计方法

1)城市道路照明设施的布置方式

城市道路照明设施除了在夜间提供照明外,还可以对人们产生一定的诱导性,所谓照明设施的诱导性,是指沿着道路恰当地布置灯杆、灯具,给驾驶员或者行人提供有关道路前方走向、线形、坡度等视觉信息。具有良好诱导性的照明设施就象导向路标一样,可以给人提供便利,保障出行安全,如图 5.4 所示。若照明设施设置不佳,则会对道路的安全性造成一定的威胁。

(1)道路一般区域的照明设施布置

常规的道路功能性照明灯具布置方式可分为单侧布置、双侧交错布置、双侧对称布置、中心对称布置和横向悬索布置五种,如图 5.5 所示。根据道路横断面形式、路面宽度以及道路设计等级,可选用不同的布置方式。当路面宽度小于 15 m 时,可选择单侧照明灯具布置方式,此种布置方式一般只适用于支路以及居住区道路;而双侧交错与双侧对称布置应用较为普遍,可适用于任何等级的道路;中心对称布置和横向悬索布置一般只有在设有中央分隔带的道路中应用。

图 5.4 照明设施指引方向

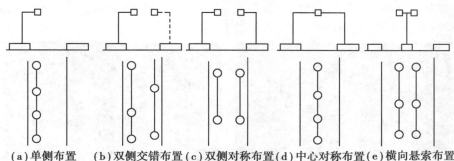

(a)单侧布置 (b)双侧交错布置(c)双侧对称布置(d)中心对称布置(e)横向悬索布置

图 5.5 照明灯具的五种布置方式

(2)道路重点区域照明设施布置

城市道路的重点区域主要为道路的交汇处或功能集中区域,应重点考虑,城市道路交叉路口可采用与相连道路不同色表的光源、不同外形的灯具、不同的灯具安装高度或不同的灯具布置方式。

环形交叉路口的照明应显现环岛、交通岛和路缘石,当采用常规照明方式时,宜将灯具设在环形道路的外侧。当环岛的直径较大时,可在环岛上设置高杆灯,并应按车行道亮度高于环岛亮度的原则选配灯具和确定灯杆位置,如图5.6所示。重点区域之外的路段虽然是作为城市道路的相对次要层次的光源配置,但仍需要形成整体连续的带状灯光,对整体的景观进行引导和铺垫。

图 5.6 道路交通岛照明景观

2) 多层次配光的道路景观照明

在灯光亮化设计中要使各种类型的照明设施配置得当,形成高低起伏、层次分明、有主有次的景观环境。如:应将道路两侧的路灯、位于道路交叉处的交通警示灯以及广告灯箱等设置成灯光的第一个层次;其次,将道路两侧的绿化小品、展廊等的灯光配置作为道路亮化的第二个层次;然后将道路两侧商业建筑的低层橱窗、招牌等作为道路亮化的第三个层次;最后将道路两侧建筑的立面灯光投射、建筑顶部的大型广告牌等作为的灯光亮化设置的第4个层次。

3) 动静结合的照明景观

依据灯光光色的变化与静止来区分,灯光的形式主要可分为静态和动态两种。动态灯光一般可用于较为欢乐、轻松、热闹的地段(如城市广场、商业区地段等),而静态灯光一般用于相对较为庄重、严肃、安静的地段,如居住区周边道路,如图5.7所示。城市道路空间可以依据场所特征和节假日需求,营造动静结合的多彩亮化景观,如图5.8所示。在营造靓丽景观的同时,需要注意节约能源,并避免光污染,不要过度亮化。

图 5.7　夜晚宁静的街巷　　　　图 5.8　具有中国传统节日气氛的街道

5.1.3　灯具的选型

1) 灯具的类型

室外照明灯具的种类丰富,主要有高杆灯、道路灯、庭院灯、景观灯、地理灯、草坪灯、水底灯、台阶灯、壁灯、射灯、泛光灯、变色灯、霓虹灯、投影灯、灯带、灯条、彩光砖、球场灯、指示灯等。机动车道照明必须采用功能性灯具(如道路灯),并应根据照明等级、道路形式及道路宽度等选择灯具的光度参数。商业步行街、人行道路、人行地道、人行天桥以及有必要单独设灯的机动车交通道路两侧的非机动车道和人行道,在满足照明标准值的前提下,宜采用与道路环境协调的功能性和装饰性相结合的灯具(如庭院灯、地埋灯、草坪灯、景观灯等)。

(1) 高杆灯

高杆灯一般是指高度为15 m以上的钢制锥形灯杆和大功率组合式灯架构成的照明装置,用于进行大面积的照明,如图5.9所示。它由灯头、内部灯具电气、杆体及基础部分组成。一般在城市广场、车站、码头、货场、公路、立交桥等处使用。

（2）道路灯

道路灯是在道路上进行设置，在夜间给车辆和行人提供必要能见度的照明设施。道路灯要合理使用光能，防止眩光，如图 5.10 所示。道路灯主要布置于城市各级干道上，可以改善交通条件，减轻驾驶员疲劳，并有利于提高道路通行能力和保证交通安全。随着城市的发展，道路照明灯的形式也变得多样，可以更好地体现城市的特色。

（3）庭院灯

庭院灯是户外照明灯具的一种，通常是指高度为 6 m 以下的户外道路照明灯具，如图5.11 所示。主要应用于城市慢车道、窄车道、广场等道路的单侧或两侧，以提高人们夜间出行的安全性和增加人们户外活动的时间。庭院灯风格种类繁多（如欧式古典、中式古典、新中式、现代简约式等），其外形美观，具有艺术观赏性，可美化环境。

图 5.9　高杆灯　　　　　　图 5.10　道路灯　　　　　　图 5.11　庭院灯

（4）景观灯

景观灯又称为装饰性照明灯，在景观设计中应用广泛，其造型美观，形式多样，可利用其不同的造型、相异的光色与亮度来造景、烘托气氛、渲染主题文化等，如图 5.12 所示。

图 5.12　景观灯

（5）草坪灯

草坪灯是用于草坪周边的照明设施，一般高度为 0.6~0.8 m，其灯光柔和，外形美观，也是重要的绿带美化照明设施，如图 5.13 所示。

图 5.13　草坪灯

（6）射灯

在道路景观中，射灯主要用于道路内景观小品、构筑物或植被的照射，以凸显各类景观元素，如图 5.14 所示。

（7）灯带、灯条

灯带、灯条是一种线性的装饰灯具，质地柔软，可像电线一样卷曲，且发光颜色多变，可调光，可控制颜色变化等，给环境带来多彩缤纷的视觉效果，如图 5.15 所示。灯带、灯条被广泛应用于构筑物、桥梁、水底、植物等处，用于引导方向、装饰外立面和营造气氛等。

（8）埋地灯

埋地灯是埋于地面下的一种照明装置，主要用于装饰或指示照明，其体积小，应用具有灵活性，如图 5.16 所示。

图 5.14　射灯　　　　　　　图 5.15　灯带　　　　　　图 5.16　地埋灯

2）光源的选择

在道路照明设计的过程中，除了需要考虑照明设施的景观性，还应该参照现行道路设计的相关标准，依照道路的分级和功能，选择相应的光源，以确保照明设计符合功能性的原则。目前，户外灯具种类较为繁多，根据光源技术，可以分为卤素灯、钠灯、高压汞灯、荧光灯、金属卤化物灯和 LED 灯等。灯具设计中必须要结合具体的使用位置，选择适合的灯具。如在《城市道路照明设计标准》（CJJ 45—2015）中规定，快速路和主干路宜采用高压钠灯，也可选择 LED 灯或陶瓷金属卤化物灯；次干路和支路可选择高压钠灯、LED 灯或陶瓷金属卤化物灯；市中心、商业中心等对颜色识别要求较高的机动车交通道路可采用 LED 灯或金属卤化物灯；商业区步行街、居住区人行道路、机动车交通道路两侧人行道或非机动车道可采用 LED 灯、小功率金属卤化物灯或细管径荧光灯、紧凑型荧光灯。

5.2 道路标识设施

标识作为一种特定的视觉符号,是城市形象、特征、文化的综合和浓缩。城市道路标识设施主要是指道路中用于信息传递、识别、形象传递的构筑物标识、景点指示牌、指路标志等,可便于人们判断自己在城市道路中的位置,引导行进方向。它应设置在人们易于观察到的场所,一般可设置于道路的交叉处、立交匝道出入口、隧道出入口等地点,使车辆和行人能够安全有序地通行。完善的、具有人性化和艺术性的道路标识系统,不仅能满足公民在社会生活中的需求,还可体现城市的地域文化特色与精神内涵。作为城市景观一部分,它还能提高城市环境质量,提升城市形象。

5.2.1 标识设施设计要素

1)功能

交通标识设计最主要的目的是提供方向和指引,因此使人容易辨认标牌上的文字和符号是最基本的要求,如图 5.17 所示。设计时应尽量使用国际统一标准,使人们能在不同的交通环境的道路标识中迅速、便捷地找到所需的导向信息。另外,独立的地图、指示牌等的高度应结合视线特征进行设置,并安置在有利于行人驻足停留的地点。为体现人文关怀,在适当高度还应设置盲文便于视障人士辨认。

图 5.17　道路标识设施

2)色彩

标识系统的色彩主要分为两类:一类是已有特定色彩含义的标识,如交通标识中警告、限制类标识应采用相应的国际或国家标准进行设置;另一类则是可自由选择设计的色彩,如街道上的人行指路牌,街道地图等,但此类标识设施的设计,色彩上还应与周边景观环境相融合,还应考虑使用者的视觉和心理的需求,如图 5.18 所示。在实践中,有的国家用不同的颜色代表不同的街道区位或者选用某种特定色彩表达相应的指向性信息。

图 5.18　不同色彩的道路标识设施

3）形式

随着经济社会的发展,科技的不断创新,道路标识的形式日渐丰富,如图 5.19 所示。其主要有板式、立柱式、悬挂式、嵌入式等。传统的板式道路标识,可观赏面有限,现代的立柱式多面标识,则适合不同角度的使用者观察,除方向信息外,还能展示更多周边其他信息。现代标识系统的载体不再局限于静态类,其他动态电子显示类（如点阵电子屏、发光二极管电子屏、液晶显示屏、电子显示屏）、智能互动类等装置也被广泛运用。

图 5.19　不同形式的道路标识设施

4）材料

由于城市道路标识设施长期处于室外环境,因此在选材时候要考虑抗风、防晒、防水等因素,不仅要坚固耐用,易于维修和更换,而且还应经济实惠,可优先选择能够绿色环保,易于回收再利用的材料,如图 5.20 所示。常用材料主要有非金属材质的亚克力、双色板、PVC、有机玻璃、木材、砖石等,金属材质的不锈钢、陶瓷金属、锌合金、黄铜、铝板等。

图 5.20 不同材质的道路标识设施

5) 尺度设计

道路标识系统的尺度需要综合考虑使用者的情况（如驾驶员、行人等）、还有标识信息量的多少、标识信息的形式等，另外道路标识系统的尺度应与所处的位置协调一致，如在大尺度或者完全开敞的道路公共空间中应考虑观者距离与空间特点而相应地增加尺度。其次，还应要考虑一些人群的特殊需求，如视觉障碍者、听力障碍、腿部残疾者等。

道路标识布置的高度理当处于人站立时双眼之上，保持在平视区域之内，各符号之间保证所需的足够间隔。另外，还应参照一些国家和地方相关设计规范，如《公共信息图形符号》（GB/T 10001.1—2012）。

5.2.2 道路标识设施分类

城市道路标识设施依据不同的使用环境主要分为步行导向标识系统和车行导向标识系统。现代城市道路标识系统应具有专业化、规范化、人性化、智能化、环保化等特点。

1) 步行导向标识系统

步行导向标识系统主要是为城市道路上的步行者提供道路及周边相关环境信息（如酒店、公园、商业购物中心、餐饮中心、周边建筑信息等），索引的导向标识设施可提供丰富的信息，其设计样式、风格、色彩等也可多样，如图 5.21 所示。

2) 车行导向标识系统

车行导向标识系统是指为机动车中的人提供道路信息的导向标识系统。这类导向设施主要设置在机动车道周围，为驾驶员及乘客提供导向服务。常见的有道路导向牌、路名牌等导向标识，以及城市特殊地标等实体。

由于车行速度快，人能有效识别的时间短，因此，其标识系统上的信息内容相对步行导向标识系统应较为简单。另外，为使城市交通有序进行，一般城市车行导向系统其设计样式、色彩、符号图案等会采取标准化、统一化的管理，如图 5.22 所示。

图 5.21　步行导向标识系统　　　　　图 5.22　步行导向标识系统车行导向标识系统

5.3　街道家具及其他

　　城市街道家具设施主要包括公交车站、自行车停放设施、电话亭、休息座椅、雕塑、邮筒、报刊亭、垃圾箱、公共艺术品等，兼具休憩和观赏功能。随着信息技术的发展，其中电话亭和报刊亭这一类公共设施正在逐渐被淘汰，或者仅仅作为具有复古意义的景观构筑物的形式而存在。街道家具的设计应与周边自然环境相协调，与地面铺装、护栏、照明设施等相互协调、相互搭配，尽量采用整体式设计的方式。现代街道家具正逐步向着标准化、系统化、人性化、艺术化的方向发展。

5.3.1　公交车站

　　公交车站是典型的城市道路公共设施，古代的驿站是早期公交车站的雏形，随着社会经济的不断发展，公交车站的功能越来越完善，形式也越来越多样，它不仅为市民提供详细的公交线路信息和安全便捷的公共交通等候空间，也逐渐成为城市道路重要的景观。

　　目前，公交车站主要分类两类：一是独立站牌式，二是公交候车亭式。可根据所处地段的道路用地现状、乘客数量以及交通情况合理选择车站类型。受地区区域文化、经济发展水平等因素的影响，各地公交站台的设计风格、形式、配套设施等各有特点。

　　1）独立站牌式

　　独立式站牌即临时站牌或临时停车站牌，只有单一的导向信息牌，提供公交车路线及站名信息，没有设置站台、顶盖、座椅及公交海报等。

　　2）公交候车亭式

　　公交候车亭通常意义上来说，一般由遮阳棚、站牌公交线路图、座椅、防护栏、夜间照明、垃圾箱以及广告栏等几部分组成，是供公共汽车停靠和乘客候车及乘车的场所，如图 5.23 所示。

图 5.23　公交候车亭式

5.3.2　休息座椅

城市道路上的休息座椅是城市家具中最普遍的组成部分,它给人们提供休息的场所,也是景观中的一道风景,如图 5.24 所示。座椅多设在城市广场、街旁游园、步行街内向阳、避风处。设计时应选择光滑、少尘、防水、防晒的材料作为座椅材料。

1) 座椅尺寸

休息座椅的首要功能应是满足人们的休息需求,应具有安全、舒适、宜人的特点。因此,其尺寸设计应符合人体特征。一般来说,普通座椅的尺寸为:座面高 38~40 cm,宽 40~45 cm,标准长度为:单人椅 60 cm 左右,双人椅 120 cm 左右,三人椅 180 cm 左右。靠背座椅的倾角为 100°~110°。座椅的结构应牢固,座板通常应设两块,板厚应为 3 cm 以上,座板间的缝隙应在 2 cm 以下。现代景观设计中,座椅的尺寸还可依据艺术造型的需要适当调整,但也需符合艺术造型的需要。

图 5.24　艺术座椅

2) 座椅的组合形式和造型设计

座椅的组合形式多样,如图 5.25 所示。可以分为单体型、直线型、转角型、围绕型、群矩形等,如表 5.1 所示。

图 5.25　不同组合形式的座椅

表 5.1　座椅的组合形式

形　式	图　示	座椅布局与人的关系
单体型		可用部分的自然物或人工物。如水墩、石柱等。这种形式的座椅私密性较大。相互间干扰较小
直线型		基本的长椅形式,适合一群人使用,但对两边的人交流有一定的影响。使用者的主动距离约为 1.2 m。常用于道路边界
转角型		这种形式适合双面交流。角度的变化适合人的互动关系
围绕型		适合于单人使用。不适合群体间的互动。当人多时,人与人就会有所触碰
群矩形		这种形式可产生多种子空间。适合不同人的活动需要,灵活多变,具有丰富的空间组织形态

资料来源:《空间设施要素——环境设施设计与运用》。

　　随着现代景观的发展,座椅的造型也呈现了多样化的发展,规则的几何形和异形的均有应用,为城市道路增添趣味。户外座椅可与种植池结合,节省空间;可与地面铺装融为一体,犹如从地面生长出来一般,如图 5.26 所示;可与雕塑小品相结合,既具有使用功能,又富有主题情趣,如图 5.27 所示。其颜色和材质也越来越丰富,不再拘泥于铁艺、木材、砖石等传统材料,其他类型的金属、非金属、复合材料等也广泛应用于座椅的设计中。

5.3.3　垃圾箱

　　垃圾箱在城市道路中虽属环境卫生设施,但在现代城市家具的设计中,不再拘泥于传统形态,而是通过一定的艺术设计手法,使其在满足基本使用功能的同时,与场地氛围结合,体现并强化空间气氛,如图 5.28 所示。

图 5.26 与铺装结合的座椅　　　图 5.27 与雕塑小品结合的座椅

1）垃圾箱的设置密度

《环境卫生设施设置标准》(CJJ 27—2012)中规定,道路两侧或路口以及各类交通客运设施、公共设施、广场、社会停车场等的出入口附近应设置垃圾箱。垃圾箱应美观、卫生、耐用,并能防雨、抗老化、防腐、耐用、阻燃。垃圾箱的设置应便于废物的分类收集,分类垃圾箱应有明显的标识并易于识别。垃圾箱的设置间隔应符合以下规定:商业、金融行业街道:50~100 m;主干路、次干路、有辅道的快速路:100~200 m;支路、有人行道的快速路:200~400 m。

2）垃圾箱的设计

垃圾箱的投放口大小应方便行人投放废弃物:箱体高度宜为 0.8~1.1 m。其设计应与道路其他附属设施统一规划设计,力求街道家具与城市景观能够完美融合。另外,随着垃圾分类政策的推行和实施,分类垃圾箱将会更加的普及,并列的多个垃圾箱能够构成充满韵律感的画面,给了设计师们更多的想象力。

图 5.28 各式各样的垃圾桶

5.3.4 其他观赏型设施

观赏型设施主要是道路景观小品、雕塑、景观构筑物等,主要功能是美化城市空间,展现城市特色,如图 5.29 所示。一般设置于城市道路景观节点处或商业街区、步行街区等。由于其他功能性设施需满足一定的使用功能,因此在造型、材料等方面会有一定的限制。

观赏型设施则不同,其主要功能就是美化环境,提升道路品质,增强道路空间的活力与艺术感,设计师在设计时可以有更自由的发挥空间。作为道路公共空间的观赏型设施,它应具有明显的公共性、文化特色性、时代地域性、并能与道路整体空间相融合。另外,公众参与性也是目前景观设计中重点关注的部分,从设计到最后的使用,我们都应将公众参与贯穿其中,使其真正成为大众所需要、所喜欢的公共艺术品。

图 5.29   街道上的观赏设施

习　题

1.道路景观附属设施的概念是什么?

2.道路景观附属设施的主要类型有哪些?

3.照明设施布置的原则有哪些?

4.常规的道路功能性照明灯具布置方式有哪几种?

5.城市道路标识设施的概念是什么?

6.座椅的组合形式有哪几类?

6

城市道路节点的设计

道路节点是城市道路网络的重要组成部分，是城市道路交通中的瓶颈部位。本章节重点介绍交叉口景观设计、路桥景观设计和街旁绿地景观设计。

6.1　交叉口景观设计

交叉口的景观设计以城市干道的交叉口为主要构架，在城市中具有组织交通流线、优化人居环境、疏散人群以及视觉标识引导的作用。道路交叉口往往是人车汇集、交通流线相对复杂的地方，是交通的咽喉。交叉口景观一般设计在岔路口车速较缓且具有一定人流量的位置。一般情况下，交叉口会采用喷泉、雕塑、花坛绿植、桥梁来作为地标，这些地标具有观赏价值，也能加强人们对景观的印象。优秀的道路交叉口景观可以使城市交通的格局空间更加立体化，能达到突出地区特点以及增添城市魅力的效果。

6.1.1　设计原则与依据

1）安全性与生态性

道路交叉口的景观设计首先应遵循安全优先的原则。道路交叉口作为城市中交通流线最为复杂的地块之一，其景观设计应充分考虑机动车、非机动车以及行人的流线设计，把握好景观绿化与城市交通之间的关系，从而以优质的园林绿化效果点缀和丰富城市的道路景观。

交叉口景观设计的安全性应考虑行车视线要求。在道路交叉口视距三角形范围内和弯道内侧的规定范围内的植被不应影响驾驶员的视线通透性，应保证行车视距；其次，在弯道外侧的灌木沿边缘应整齐连续栽植，预告道路线形变化，诱导驾驶员的行车视线。对于部分交叉口景观设计还应考虑行车净空要求。道路设计规定在各种道路的一定宽度和高度范围内为车辆运行的空间,部分交叉口应考虑绿化植被的分枝点和树下净高空间,使植被不得进入通行空间。

近几年来,随着全球保护生态环境的呼声日益高涨,道路交叉口的设计与建设也应注重生态理念的运用。道路规划设计与建设中,应努力把生态理念落实在一些具体的设计方法上。不能把生态理念简单地理解为大量种树、提高绿化量。生态学原理要求我们尊重自然、师法自然、研究自然的演变规律;要顺应自然,减少盲目地人工改造环境,降低道路景观的养护管理成本;要根据区域的自然环境特点,营建道路交叉口景观类型,避免对原有环境的彻底破坏;要尊重场地中的其他生物的需求;要保护和利用好自然资源,减少能源消耗。

2)功能性与景观性

交叉口景观设计应明确定位,满足功能。根据交叉口类型的不同,其景观设计应当有针对地分析某一项目具体功能需求,了解其在城市道路系统以及城市环境中的具体定位,兼顾道路景观的交通使用与环境美化功能。除了组织交通流线、疏散人群的功能之外,道路交叉口作为多重交通汇集区域,其景观设计还应具有优化人居环境和视觉标识引导的作用。交叉口景观可以讲述所在城市发展脉络,再现城市历史文化,表达宣扬城市特色。人们对道路交叉口景观的感知构成了道路景观的整体形象,一个城市给人留下深刻印象的不仅仅是城市道路的宽窄或街道两侧建筑物的体量和风格,还应有交叉口色彩各异的广告牌和指示牌以及该区域独具特色的绿化、小品、设施等,这些城市道路上的情景往往成为这座城市景观的代表。

3)整体性与区域性

城市道路的设计要从所在地区城市的整体规划出发,城市道路景观的设计要体现和展示城市的形象和个性。道路交叉口景观规划设计中,应注意与道路景观的整体和谐与个性表达。应将交叉口处绿化景观与道路周边构筑物、沿线设施以及地形、地貌、生态特征、景观资源等作为有机整体进行统一规划与设计,使得交叉口景观与沿途道路建设的人工景观与场地的原有自然景观相协调。我国地大物博,不同地区有其独特的地理位置和地形地貌特征、气候气象特征、植被覆盖特征等。同时,不同地区的人民有自己独特的审美理念、文化传统和风俗习惯。因此,道路景观的规划、设计中应考虑其地域性特点,形成不同地区特有的道路景观。

4)持续性与动态性

道路交叉口景观建设必须注意对沿线生态资源、自然景观与人文景观的持续维护和利用。在空间和时间上规划人类的生活和生存空间,沿线景观资源的建设应保持持续的、稳定的、前进的势态。同时,随着时代的发展和人类的进步,道路交叉口景观也应存在着一个不断更新演替的过程,在道路交叉口景观的设计中应考虑到地块的发展演替趋势。

6.1.2 设计内容

1)确定车道数及布局方式

交叉口景观设计之先,应根据设计年限的高峰小时交通量以及不同行驶方向的交通组成,进行交通组织设计,由此初步确定车道数以及交叉口形式。根据车道数及交叉形式,初步确定交叉口景观的基本布局方式。为了更好地发挥交叉口的通行导向能力,同时考虑原道路改建用地条件,交叉口车道数一般比路段部分多1~2条。对于一般2~4条的道路交叉口,景观布局形式相对简单,多采用 T 形或十字形等平面交叉形式;而交会道路达到 5 条甚至更多时,一般采用环岛布局或立体式交叉。对于环岛交叉口的景观设计,还应注意环岛及交通岛景观在交叉口景观中的重要地位,通过规则式或自然式景观布局手法突显环岛的景观美学价值和交通导向功能,如图 6.1 所示。

图 6.1　十字交叉口景观布局方式

2)交叉口拓宽退让设计

当交叉岛车行道宽度不足时,为提高车道通行能力,一般对道路的一侧或两侧进行拓宽,相应路段的景观用地应进行适当退让。常见的退让可选择车道的右侧绿化带,也可以结合车道间的分隔带往左侧占用对向车道宽度。

3)交叉口渠化岛设计

对于城市干道交会等面积较大的交叉口,其景观设计可采用渠化设计,增设渠化岛。渠化设计即为将导流岛与路面标线相结合,达到分隔控制车流的目的。优秀的渠化岛景观设计可以达到平面交叉的各种要求,方便往来行人及车辆根据渠化设计按指引行进,避免交通拥堵。渠化岛的景观设计应明确其分离冲突、交通疏导以及美化交叉口景观的功能定位,避免设计过于复杂的景观内容,免于对通行视线造成障碍从而增加不必要的安全隐患。渠化岛景观设计一般注重简洁自然,多选择具有较好耐旱、抗污染的植物种类,采用铺地花镜或疏林草地的绿化终止搭配方法,不宜选用较大体量的雕塑小品作为点缀,如图 6.2 所示。

图 6.2　渠化岛绿化种植设计

4)交叉口景观立面设计

交叉口的立面景观设计主要根据相交道路等级、交通量、道路纵坡和横断面以及当地地形地势、自然水流向和相邻道路高程等资料进行。在满足道路交通方便、排水舒畅等基本功能要求的同时,交叉口处景观的立面设计还应尽可能地发挥景观标识导向以及城市美化的作用。在设计风格上强调简洁新颖与自然时尚,发挥景观布局中漏景和障景等组织手法对通行者视线的引导,如图 6.3 所示。

图 6.3　利用植物景观的障景功能组织对向交通视线

6.1.3　设计注意事项

1)三角形视距避让空间

平交口的绿化设计,要特别注意对视距三角形空间的营造。在道路交叉口视距三角形及其内侧的规定范围内不得种植高于最外侧机动车车道中线处路面标高 1 m 的树木,使树木不影响驾驶员的视线通透性。为了便于驾驶员准确、快速地识别各路口,交通岛内不宜种植乔木,因为乔木很容易遮挡驾驶员的视线。在设计交叉路口的景观中要求绿化以草坪、花卉为主,可选用几种不同质感、不同颜色的低矮花灌木与草坪组成图案简洁、曲线优美、色彩明快的模纹花坛,或与城市中有代表性的雕塑、市标等组成主题明确的城市景点,如图 6.4 所示。

图 6.4　交叉口三角形视线避让空间景观设计

2）立体绿化设计

立交桥绿化设计包括绿岛和桥体的绿化设计。绿岛是立体交叉中面积比较大的绿化地段，也是比较容易创造出景观特色的区域。绿岛内不宜种植大量乔木或高篱，以免给人压抑感，甚至遮挡视线，因此多设计成开阔的草坪，其间点缀一些有较高观赏价值的孤植树、树丛、花灌木等，形成疏朗开阔的绿化效果，如图 6.5 所示。其绿化布局形式有规则式、自然式、图案式和街心花园式等。立交桥可充分利用桥体局部和桥下空间进行绿化，如在桥体的护栏外侧设计小型种植槽，栽植小型藤本植物或蔓性灌木，如爬山虎、茑萝、粉团蔷薇、迎春、金银花等，这对于交叉路口的绿化具有十分重要的意义。

图 6.5　立体交叉口景观设计

6.1.4　典型案例

宁波市人民路与中山东路的交叉路口呈十字形，在宁波市的核心枢纽的位置。该交叉口所连接的两条城市干道均为市区交通要道，交叉口联系的四方车流量较大。交叉路口景观设计的主要侧重点在于拓宽视野，疏通来往车辆，营造出赏心悦目的城市环境氛围。除此之外，在功能细节上，该交叉口的景观设计还需综合考虑中心距离是否合理以及各种交通信号的相互位置关系等，在设计中兼顾实用性与观赏性。

设计方案在交叉口附近设置绿植、雕塑等景观小品，让来往的司机在等候红绿灯的同时也能缓解下驾驶疲劳。该交叉路口整体采用绿植与转角的岔路口作为分离车辆的屏障。另外，该交叉路口还增设了四个角供行人落脚，如图 6.6 所示。从安全角度上，考虑行人与车辆的交错同行，把同向和对向的机动车分离开来，能够避免双向车辆直接相对，有利于进行交通分流，减少了交叉路口的交通压力。从视觉角度上，扩大了交叉口的视线。

图 6.6　宁波市交叉口景观设计

该方案在交叉口景观设计的过程中,采用分离式的交叉路口景观布局使道路空间分隔,彼此间无岔道连接。将十字交叉路口进行拓展,让道路成多边形放射状,加大了空间格局,在空间氛围上显得立体张扬。此交叉口的景观设计是采用平交叉口绿化的方式来进行的,设计上将规则式与图案式相结合,让交叉路口形成"米"字形的图案造型,既达到了分流车辆、疏散交通的目的,也将这一交叉路口空间变得富有生机与活力。

6.2 路桥景观设计

6.2.1 概述

桥梁,一般为跨越山涧、不良地质带或满足其他交通需要而架设的使通行更加便捷的构筑物。根据桥梁结构构造的不同,路桥一般可分为拱桥、梁式桥、斜拉桥、悬索桥以及复合型桥等不同桥型,如图 6.7 所示。桥梁一般由上部构造、下部结构、支座和附属构造物组成,上部结构又称桥跨结构,是跨越障碍的主要结构;下部结构包括桥台、桥墩和基础;支座为桥跨结构与桥墩或桥台的支承处所设置的传力装置;附属构造物则指桥头搭板、锥形护坡、护岸、导流工程等。路桥景观设计是在公路的基础上或者在水域环境下,配套桥梁设计,营建一个具有景观价值的城市空间,以满足人们通行和游憩的需求。

(a)拱桥   (b)梁式桥

(c)斜拉桥   (d)悬索桥

图 6.7 路桥

6.2.2　路桥景观设计基本原则

路桥本身就是一个建筑亮点,路桥景观的建设会给人眼前一亮,但如果路桥建设没有把握好设计原则,在整体上看起来突兀不齐,就会给周边环境带来恶劣的影响。所以,城市景观中的桥梁应与周围建筑环境相结合,因地制宜,要充分保持路桥景观建造艺术的多元化,追求桥梁整体形态美,使桥梁的造型更加丰富具有特色。所以,路桥景观设计应遵循以下基本原则:

1)保证桥梁的安全性

路桥景观设计需要提高桥梁的安全度,将危险系数降到最低。不管是采用什么材质,不论花费成本的高低,路桥景观最基本的抗压、抗腐蚀能力要做到做好,不断完善桥本身的特性。只有桥梁的安全系数高,路桥景观设计才能算合理,路桥景观的建造才能进行下去。所以,路桥景观设计不可随意更改桥梁的整体构造,不可随意破坏桥梁环境,损害桥梁的架构。

2)保证桥梁的实用功能性

路桥景观最基本的功能是能够正常使用,保证路桥景观的使用价值才是设计路桥的首要原则。所以路桥景观设计要充分体现桥梁的可通行能力,如果没有实用价值,桥梁的造型设计得再美都是徒劳的,没有使用价值,一切的景观设计都是浮云。在满足桥梁使用价值的基本基础上,变革创新桥梁的造型,给人们一种视觉上的体验,升华桥梁的造型。但是,在桥梁造型的创新上,不能影响桥梁的基本功能。

3)保证桥梁与周围环境相协调

由于路桥景观是在一个三维立体空间建造的,所以建造的整体性布局需要把握好,有些桥梁造型上陈旧呆板,与当地的自然环境、人文景观不相容,显得格格不入。当下,环境问题是迄今为止所有的建筑项目都应该考虑的问题,是不可避免的,因此路桥景观设计在建设中要充分将桥型与周围景观相融合,协调好整体风貌,做好准备工作。此外,路桥的景观设计还要考虑人文因素,桥梁周边多建造一些休闲娱乐场所,解决周边居民休闲、健身的问题,从多角度出发,格外注重对桥梁周围环境的保护、利用、改善和创造。

6.2.3　主要内容

城市路桥根据使用环境可分为陆域桥梁与水域桥梁两种。路桥景观作为一个立体建构式空间,是建筑者在三维空间里建造的一个新的道路景观,应能与周围的环境构成有机的整体。与其他景观设计相比,路桥景观设计的建造具有一定的难度,在设计上的创新度要求比较高,技术层面的要求也相对较高,如图6.8所示。

路桥景观设计主要包括公路桥梁和特色景观两个部分,把自然景观和人工建筑相融合,从而构成了整体的景观,桥梁的存在很大程度影响着人的心理感受,其美存在于自身的独特创新,所以要建造一座好的路桥景观,需要着重强调周边环境的协调性,同一个城市会有不同的水域,路桥的建造还需要综合考虑水域状况,在原材料、建造技巧以及细节设置方面,要体现路桥景观的功能性。路桥景观最核心的一个功能是跨越地域,形成一条方便快捷的通行道路,同时也要注意创新性,在桥的造型设计上多花心思,不断变换桥的造型,可以融入当地的

(a)正弘中央公园景观湖廊桥 　　　　　　　　(b)浏阳河人行景观桥

图6.8　景观桥

特色文化,比如桥上面可以添加海鸥、瓷器图案来代表这座城市的文化风貌。在路桥的选址上,要尽量选择水流比较缓和的水域,了解周边的功能分区,规划设施,河道整治方案,这些都可以帮助我们更好地确定桥的建造风格,寻找与当地环境相符合的桥梁主题,充分体现城市独具特色的人文情怀。

　　在设计路桥景观时,要本着景观优先的原则,若桥梁的视野比较开阔,则能让人观赏到更优美的景观,设计时不能破坏桥梁周围景观原有的风貌,要保持自然景观。路桥景观的承载力要足够强,还需要兼顾交通功能、景观功能及文化功能。

6.2.4　注意事项

1)路桥设计与景观照明相结合

　　桥梁自身往往具有较高的美学欣赏价值,景观路桥的设计可以结合景观照明设计,运用照明美学辅以桥梁的基本元素点、线、面相结合构成照明体系,突出大桥结构特征。充分考虑不同的方位和角度进行桥梁的夜景观照明设计,以数码动态光色系统照明的形式增加桥梁夜间色彩层次,选取适当的亮度使桥在三维空间的环境中凸显出它的局部细节,以表现桥梁总体艺术造型与具有个性的结构相结合。对桥梁的灯塔、桥墩等宜进行泛光照明,以达到有效的艺术效果。索塔泛光照明则应自下而上亮度逐渐减小且呈平稳过渡,变化过程中无明显亮(或暗)斑,确保桥墩泛光照明具有一定的均匀度。

2)场地与结构功能的统一

　　跨越功能是路桥最基本的功能之一,良好的结构方案是优秀设计的首要前提,路桥设计不能为绝对的美学而刻意设计景观。路桥首先是解决通行功能,并在技术可能与经济允许之间进行优化,路桥景观是对桥梁及其引道在功能、技术、经济的前提下进行景观尺度、景观生态、景观文化美学等方面的综合考虑与设计。路桥景观还应对设计方案从政治经济、文化生态等进行多方面统筹、比较安排,从创造人与自然和谐共生的高度,提出桥型构想及景观优化方案。

6.2.5 典型案例

下面以位于长江淮河下游的安徽省合肥铜陵路桥为例,进一步探究这座桥的设计亮点以及这座桥的作用。铜陵路桥作为一座具有现代化标志的桥梁,从路桥景观与周边自然景观相协调的角度出发,将路桥景观设计作为参照物,从中不断深究景观桥梁的内在价值,彰显路桥景观的观赏性。根据路桥景观设计的几大基本原则,要根据桥梁的选址、桥位特点来进行深入分析。这座桥在造型方面采用拱形结构,如图6.9所示。这是大部分路桥都会采用的结构造型,但值得注意的是,周围还附有两个小拱型的桥梁,与大拱型形成鲜明对比,增加了桥梁的观赏价值。

铜陵路桥是合肥市景观桥梁建设中的典范工程,桥梁结构造型设计也是非常巧妙的,整体上与周围环境融为一体,将自然景观与城市景观的美学价值充分展现了出来。

图6.9 铜陵路桥景观设计

6.3 街旁绿地景观设计

6.3.1 概述

街旁绿地是指由城市道路间或与周边建构筑物、绿地等围合而成的城市开敞空间,它是城市空间的重要构成要素。作为城市道路附属绿地的重要组成部分,街旁绿地可以起到引导疏散人群、美化城市环境、提供游憩场所以及保障城市消防安全等多重功能。街旁绿地不但是城市空间体系构成的需要,而且是城市进行社交往来、休闲娱乐和信息交流等活动的重要场所,集中体现着城市的风貌与特色。

6.3.2 设计原则

城市广场绿地的布局和形式要求必须与广场主题、性质和功能相一致,以人为主体,充分考虑人的需求与活动,关注城市的历史、文化等人文因素,顺应地方文化,在传承地域文化的基础上设计好城市绿地广场。

从道路绿地整体构成的角度来看,街旁绿地绿化与景观设施起到平衡、丰富和完善的作用,是维系道路及周边城市景观整体性的重要手段之一。街旁绿地相对于城市绿地其他构成要素而言,其功能制约更具弹性,配置方式更为灵活。绿地作为构成广场的基本要素之一,它既是广场中的功能、载体之一,又对广场的景观效果及整体风貌的构成起着重要的作用,对使用者的视觉感受和心理体验所起到的作用也是不可替代的。因此组织广场布局时必须对绿地的设计给予足够的重视,在考虑整体环境设计的过程中同样应给绿地以主要地位。在具体组织时,应充分考虑它的配置需求,为它确定相应的用地,并将它有机地组织到广场的整体结构之中,而不应该在其他内容布置完成之后,再进行填充式的设计。

6.3.3　主要内容

1) 集中式街旁绿地

集中式街旁绿地是指场地中有着较完整地块的绿地。集中绿地能够更有效地发挥绿地的效益,也较易形成强烈的视觉效果,绿地的多重功能在这种形式下体现得最为充分。它的突出特点是内部可包容活动设施来组织广场中的活动,所以一般要求是可以进入的,绿地活动载体的功能也就是通过这种形式来体现的,如图 6.10 所示。另一方面,由于集中绿地的规模较大,其中的内容组织便可以更丰富多彩,其次由于这种形式的绿化效果最为明显,所以对道路绿地景观也具有决定性的影响。

图 6.10　集中式街旁绿地

2) 分散式街旁绿地

分散绿地指绿化用地分布于各处,每一块的面积相对较小的广场绿地,可分为独立性绿地和边缘性绿地。独立性绿地是指一些小规模的绿化景园设施,因为它们在场地中常呈现出点状形态,具有独立的性质,所以可称为独立绿地。由于用地规模小,独立绿地布置起来具有很大的灵活性,是点缀环境、丰富广场景观的一种极为有效的方式。所以不论广场中用地条件如何,这种形式都常被作为点睛之笔用在广场中需要强调景观效果的地方。长沙市最常见独立性绿地的地方是在建筑物的入口前、广场的入口附近等一些视线比较集中之处,布置花坛、水景、雕塑之类的设施或少量树木等,如图 6.11 所示。

图 6.11 分散式街旁绿地

6.3.4 设计注意事项

1)功能表达

城市街旁绿地受到大多数市民喜爱的原因在于,它容易接近,尺度亲近,使用方便。目前,随着城市规模的不断扩大,街旁绿地的出现主要是由旧城区改造形成或者是新城区新建形成的。不管是哪一种街旁绿地,它都是以点的形式分别在城市中,因此它们面积小,规模小。因为街旁绿地的易达性,可以充分发挥其缓解工作生活压力,促进市民身心健康的功能。街旁绿地可以作为当灾难发生时人流的紧急疏散和临时聚集地。街旁绿地是一种小型的开敞空间,它紧邻人们的生活工作区,因此当发生地震、火灾时,它就发挥了重大作用。在街旁绿地植物的选择上,许多植物具有防火性,例如银杏、槐树、夹竹桃等。

2)空间组织

街旁景观空间的组织与街旁绿地的大小有着密切关系。如果街旁绿地面积较大,出现有干扰性的两个功能空间,可以利用景墙、植物等景观要素来进行隔离,使其形成相对独立的空间。而当街旁绿地的面积不足以划分若干功能区的时候,可以将相近的活动内容放到一起,例如将健身、游戏、广场舞等内容相对集中一些,形成一个整体的动态空间组织,同理可以将闲坐、聊天、散步、观赏等活动集中在一起,规划出相对静谧的静态空间组织。

6.3.5 典型案例

合肥金融港入口绿地位于合肥徽州大道上,占地面积约 2.44 hm²。该地块为三面临街的街旁绿地,北临扬子江路,南接南京路,西临徽州大道,东侧为合肥金融港,概率大的主要使用人群为周边 CBD 工作人员、居住区居民和路人,如图 6.12 所示。该空间以周边人群的穿行使用为主,该绿地为开放式绿地,使用折线构图将场地分割为若干不等块以营造各具不同功能的游憩空间,设计在满足以通行为主的功能基础之上,形成简洁大气的场所格调。绿地采用双层式竖向设计,营造出较好的视觉空间。场地内绿化种植种类丰富,手法自然,层次分明。

图 6.12　合肥金融港入口街旁绿地

　　美国 Greenacre 公园是世界上著名的口袋公园,也是纽约市使用率最高的公园之一。公园沿街宽约 18 m,进深约 36 m,相当于一个网球场的面积。Greenacre Park 作为一个良好的城市公共空间,巧妙利用的园林树木和植物,结合水景地形,形成丰富多层次的休闲空间。露天的咖啡馆,可移动的桌椅,使人们能够舒适选择坐在自己喜爱的位置。7.5 m 高的瀑布层叠幕墙,营造出一种静谧隐蔽的氛围,如图 6.13 所示。

图 6.13　美国 Greenacre 公园

6.4 停车场景观设计

6.4.1 概述

由于停车场环境特殊,其绿化显得特别重要。好的停车场绿化不仅可以减少车辆暴晒,改善停车场的生态环境和小气候,还可以美化市容,为人们提供停歇的场所,如图6.14、图6.15所示。绿地设计应有利于车辆集散、人车分隔,保证安全,不影响停车视线和夜间照明。根据使用性质和规模的不同,停车场可分为3种形式:小型周边式绿化停车场、专设停车场和建筑前广场临时停车场。

图 6.14　城市道路停车场

6.4.2 设计原则

停车场的景观设计要根据停车场的车流量来确定车辆出入口的位置,根据预估的停车数量以及最佳停车通道来进行停车场的整体布局,贯彻停车场的场地条件来设计停车场的各个标点,如路标、交通线、绿化带和出水口。在设置停车场景观的时候,要尤其注意以下几个原则:

①要注意行车通道的顺畅性,各个出入口和停车位的设计要合理,方便来往车辆的进出畅通,使停车场内部的交通秩序井然有序。要设置与场地相符的停车位,尽量满足各类车型的停车需求,使车位数量达到最大化,要充分体现停车场内部设计的层次感。停车场的出入口应该提前测量好出入口的位置,机动车出入口距离城市主干道的距离需要控制好,不能离主干道距离太近,以免产生交通堵塞。出入口需要最少设置两个以上,出入口的数量设置与停车位数量的多少息息相关,停车位越多,需要设置的出入口也要随之增加。此外,出入通道的设置还需要将来往的反向车辆纳入考虑范围,停车场的进出通道距离应该在2~3个普通机动车的车身宽度,行车通道应该采用单车道和双车道相结合的方式,在停车车流量的高峰期,可以用两侧通道停车来缓解停车位紧张的问题。

②注重场地的平面布置与竖向设计。设计中应根据场地条件及停车要求,确定停车场内的交通流线组织,不得有断头路。布置通道及停车位时,应通过平曲线进行补贴方向的流线连接。确定停车场通道纵坡及各控制点的设计标高,布置好雨水口,做好场地的排水设计。

③注意场地的整体协调性,停车场的停车位、出入口设计以及绿植的覆盖,都要与周围的环境相协调。首先,这三者的设计都需要整齐美观,让停车场整体上看起来比较和谐美观,绿植的覆盖会使停车场被分割成几个小部分,绿化的种植要尽量形成有规则的图案,前后左右

对称分布,切忌杂乱无章。

④注重景观的多样性,体现人文特色。除了停车场的基本设计以外,停车场景观还需要体现人文特色,比如在周围的附属设施里建立类似小亭子之类的休息区,种植花卉,除了考虑车的占位,也需要增加人的活动场所,让停车场周围的景观更加丰富多样。

6.4.3 主要内容

面积较小的停车场应设计成周边式绿化停车场。结合行道树,沿停车场四周种植常绿、落叶大乔木、花灌木和绿篱等,形成绿色屏障,然后用栏杆将绿篱边缘围合起来,而不应是仅用栏杆来围合场地。因面积太小,场地中间不宜种植植物,全部铺装用于停车;有条件的可采用嵌草砖铺装的形式,使停车与绿化兼得,是较为理想的绿化手段。周边式绿化停车场具有视野开阔、进出方便、绿化集中、便于管理等优点,但也存在着夏季无树木遮阴,太阳暴晒会对车辆有灼伤的缺点,如图 6.15 所示。

图 6.15　绿化带停车场

面积较大的专业停车场因场地面积较大,场地内可成行、成列种植高大的落叶乔木,把整个停车场布置成一片"城市树林",对绿化环境、车辆遮荫、停车休息等都极为有利,如图 6.16 所示。但必须注意:一是停车场小车区、大车区、特大车区应划分明显,入口处要布置醒目的标志牌;二是树木的株行距和分枝点高度应满足停车要求,并做好护网、护架、树池等防护设施和照明设施,且不能影响车辆停靠。树木株行距一般为 5~6 m,分枝点高度对于微型和小型汽车为 2.5 m,大、中型客车为 3.5 m,载货汽车为 4.5 m。

图 6.16　专设停车场

建筑物前广场兼停车场,这是国内许多城市现阶段较常见的停车方式。利用建筑物前广场停放车辆,在广场边缘种植乔木、绿篱、灌木、花带、草坪等,还可以和行道树绿带、基础绿地、建筑前庭绿地结合起来,这样做既美化街景,衬托建筑物,又有利于车辆保护和驾驶员及过往行人休息。应充分利用广场内边角空地进行绿化,增加绿量,以尽量减少汽车的起动或停放时噪声和尾气对周围环境的污染。此外,城市很多道路的非机动车道上还结合行道树绿带为车辆划分了临时停车位,如图 6.17 所示。这在一定程度上缓解了停车压力,与行道树的结合也使车辆免受了太阳灼烧之苦。

图 6.17 临时停车场

6.4.4 典型案例

以湖北省公安县设计的生态停车场为例子,这一停车场位于天露湖国家生态农业公园附近。为了体现停车场景观的多样性和环境性,这个停车场种植了高大且枝叶多的乔木,这样的树枝可以为停下的车辆遮风挡雨,如图 6.18 所示。其次,停车场的场地还需要考虑雨天排水的情况,打造上能排水、下能透水的生态停车场。该生态停车场用透水砖铺饰,还另外设有小沟排水,防止雨天积水。停车场内部的绿植景观分布得错落有致,还设有供人们活动的休憩场所。该生态停车场还能够疏通车辆交通,停车场的出入口分离,安排设计合理,能够将来往车辆分离开来。

停车位的合理安排还能够让车辆既有位置停放,又避免出现拥堵。该生态停车场也充分体现了人文特色,增加了公园停车场的绿地面积,提高了停车场绿化率,能够使停车场具有文化底蕴和强烈的人文气息。这一停车场的景观设计改变了地下停车场阴暗的现状,让停车场不仅仅是用来停车,也成为一个观赏景点,视觉上给人们带来更优质的体验感。除此之外,该生态停车场的绿化水平比较高,从城市发展水平上看,这一景观设计还能使空气变得更加清新,利于环境发展和城市整体风貌的改善。

图 6.18　公安县生态停车场景观图

6.5　人行天桥景观设计

6.5.1　概述

　　人行天桥又称人行立交桥,一般设在车流量大、行人稠密的地段,或者交叉口、广场及铁路上。人行天桥上一般只允许行人通过,以避免车流和人流平面相交时发生冲突,在保障人们安全的同时有助于行驶车辆提高车速,减少交通事故。人行天桥是构成城市道路景观的重要元素,优秀的人行天桥景观设计有利于形成优美的城市天际线。

　　人行天桥的使用人群都为步行者,通行速度远低于城市道路的其他路段。人行天桥除通行使用功能之外,有时还需要给行人提供观景休憩、驻足交流等空间,如图 6.19 所示。人行天桥的景观设计能够很好地缓解交通压力,在设计人行天桥时,需要考虑天桥的形状、建筑风格、建筑材料等要素,如图 6.20 所示。既要满足城市最基本的交通需要,还要适应城市整个的发展趋势,保证人行天桥的设计能够符合城市的发展理念。

图 6.19　首尔路人行天桥景观

图 6.20　人行天桥夜晚亮化景观

6.5.2 设计原则

1) 安全性

人行天桥在设计过程中要考虑桥身的整个结构和建造的强度、刚度以及稳定性。安全性是建筑人行天桥的首要内容，人行天桥的景观设计也应注重安全。天桥不能选一些容易被雨水、风雪侵蚀的建筑材料，桥外的装饰设计也不能很容易出现一些表面缺陷，需要增加一些有效阻挡水分、污染物侵入的材料，延长人行天桥景观的使用年限。人行天桥景观的安全性除了与桥梁结构和桥梁材料有关，还与自然灾害息息相关。在建造人行天桥景观的过程中，应该结合当地的地质条件和地理气候。在地质条件不稳定的城市需要个性化定制建造方案。根据当地地质条件和气候变化，合理考虑人行天桥应该如何建造。

2) 实用性

建造人行天桥的目的就是增加实用性，减少交通堵塞的问题。为增加实用性，人行天桥可以适当地融入绿植元素，如桥上设置花槽，通过在桥上花槽中种植绿化植物，拉近人们与桥梁的距离，为城市绿化贡献绵薄的力量。在对人行天桥进行绿化设计时，需要注意绿化植物排水系统的设计，统筹安排好人行天桥的建造流程，提高人行天桥的实用性。其次，人行天桥景观的实用性还与地理选址有关，应该充分考虑人们的过街习惯，增加天桥的使用率，如图6.21所示。

图 6.21 广州人行天桥勒杜鹃植物景观

3) 经济性

人行天桥的景观设计必须要以实用性和经济性为基础。人行天桥景观美学设计阶段内，优先考虑经济实用性。人行天桥的景观预算不能过高，过高会增加财政压力，此外，一所人行天桥的建设造价高会导致天桥的使用价值被降低，因此，在建造桥梁的过程中，不可铺张浪费，要彰显人行桥梁的经济价值。

4) 美观性

人行天桥景观需要与周围的城市环境相融合。与周围的城市环境融为一体，融入三维城市空间才能获得美观的效果。在实际的建造过程中，需要考虑空间环境，要以周围建筑物为参照物，适应考虑当地条件以及环境，合理、精确地设计人行天桥，才能让人行天桥的建造显得顺其自然,不突兀,与附近环境相协调。其次,人行天桥要在一定程度上凸显人行天桥建筑美学特点,还要和四周立体环境空间形成有力融合的格局。如果想取得比较好的人行天桥景观设计,还需要将周围的实际空间环境作为出发点,确保周围环境的整体性和和谐性不被破环,如图6.22所示。

图 6.22　芝加哥 BP 天桥景观

6.5.3　主要内容

人行天桥作为城市的公共构筑物,不仅要满足基本的交通功能需要,且要与整个城市的环境相辅相成,成为城市亮丽的风景线,还可成为城市文化的一部分,体现城市文明。人行天桥景观设计的目标是成为当地的地标性建筑,提升城市文化休闲品位,满足行人日常出行,提供一个驻足小憩、品味生活的安全通道。

6.5.4　典型案例

以长沙汉文化广场的人行天桥为例,该人行天桥位于长沙市芙蓉区浏阳河大道鸿翔国际广场附近。该桥是以原生态桥为主题,集使用价值与观赏价值为一体的人行桥梁,建造的宗旨在于打造城市绿色彩虹。人行天桥是密闭有盖的,以钢为结构,桥长55 m,在安全性方面,汉文化广场的人行天桥的主要建材是钢材、混凝土、钢筋以及玻璃等建筑材料,而且在主梁顶面以及砂浆层之间采用了防水涂料,防止因下雨天行人打滑摔跤的现象。

在实用性方面,根据实用性的选址条件,该人行天桥的步行人流量很大,横过一个交叉路口,选址增加了行人的使用频次,建造有很大的实用性。长沙市地势主要以山地、丘陵、平原为主,地形复杂多样,局部地段险峻,气候也是变化多样。并且在绿植方面主要采用常春藤、吉祥草、时令鲜花等植被,能够提升行人的体验感,该桥方便行人的出行,极具使用价值。在美观性方面,采用封闭式的天桥,与周围封闭建筑融为一体,加上灯光的作用,使得天桥成为人们夜间散步的绝佳场所之一,极具美观价值。汉文化广场的人行天桥建设,基本符合人行天桥的设计原则,并且在此基础上,还添加了照明灯光设置,这一创举让人行天桥显得更有价值和意义。长沙汉文化广场的设计在原有设计原则基础上实现了创新,既没有破坏周围环境的整体性,也没有降低天桥的美感,反而给人一种视觉上的盛宴,也是作为人行天桥建立的一个成功案例之一,在人行天桥各个景观设计方面也是别出心裁,集观赏价值和使用价值为一体,如图 6.23 所示。

图 6.23　长沙汉文化广场天桥景观

6.6　步行街景观设计

6.6.1　概述

城市步行商业街是环境优美、设施齐全且以步行交通为主、禁止或限制车辆通行的城市路段。一般根据其交通方式的不同可分为全步行街和半步行街。全步行街包括开放式步行街和带顶盖的全天候式步行街;半步行街包括时间限制式步行街和车辆限制式步行街。它是城市中人流量最大,人群活动最集中的场所,主要意义在于为市民提供一个安全、舒适的购物、休闲环境。好的步行商业街绿地景观设计将有助于增添城市风貌,提升城市品位。

6.6.2　设计原则

1)精在体宜

在步行商业街中,由于空间尺度小,步行者运动缓慢,视野受到一定限制,使用者会对环境的细部产生强烈的感受。因此,在步行商业街绿地中的各种景观元素如坐椅、果皮箱、橱窗、招牌、街灯、花坛、雕塑、水池、铺地等都应精心设计、精心施工,力求做到精在体宜。

2)统一协调

绿地景观设计要统一风格,突出特色,避免因绿地面积小、零散而使整条街显得杂乱无章,各景观元素要和绿地有机地结合在一起。这里值得一提的是,我国目前的一些步行商业街绿地在小品、雕塑设置上,虽已投入了较大的精力和财力,但往往作品缺乏内涵,显得乏味、孤立,与环境不相容,因此也就没有生命力。但长沙市黄兴南路步行商业街绿地的雕塑小品设计却做得较为成功,本文将在后文的案例分析部分对此进行详细的介绍。

3)适地适树

植物选择必须适地适树,优先选用乡土树种,确保植物正常生长,又能形成地方特色,以改善步行商业街的生态条件和景观效果。植物种类不宜过多,种植宜疏不宜密,突出季相变化。应根据街道环境特色进行巧妙构思、精心选择,如街道两侧建筑景观较好时,绿化选择以草坪、花坛或低矮的绿篱为主,适当选择树冠较小或分枝点较高的乔木品种建立人工植物群落,以不遮挡观看两侧建筑物为宜。绿化形式要灵活多样,统一协调,结合步行街的特点,以行道树为主,辅以花池,适当点缀店铺前的基础绿化、角隅绿化、屋顶、平台绿化、棚架绿化等形式,达到装点环境以及方便行人的目的。

6.6.3　主要内容

1)营造标志性入口空间氛围

商业步行街入口是人们区分标志性建筑物的一个标准之一,也是步行街典型的节点空间,入口具有指引功能,也是一条商业街的标志。通常来说,一条成功的步行街往往存在于一个城市的标志性地段。

作为步行街的重要节点——入口空间,同样也是整条步行街标志性的重要体现。可以用入口标志、装饰品、雕塑以及一些标志性构筑物或建筑物来体现步行街入口空间标志性的元素。商业步行街在各主要入口设置了一系列入口空间标志,既界定了步行街的空间范围又使得步行街的入口具有突出的可识别性,增添了步行街的商业氛围。

2)创造休闲的商业街气氛

人们去商业步行街的目的无非就是消遣时间,放松压力,给生活放个假。从人们进商业步行街的目的这一角度着手,在设计步行街的过程中应该尽量通过一切手段,突出商业步行街的休闲商业气氛。

在实际具体设计过程中,在若干节点小空间设置座椅、售货亭、遮阳棚架、废物箱、树池等小品,并在这些小品的基础上进行创新,如在步行街座椅上添加可以放物品的小凳子,座椅上放一些棋类游戏等物品。增加商业街的绿植,比如灌木丛等绿植。这些小节点既活跃了步行街的气氛,同时也为人们提供了很多休闲服务设施,提高了人们对步行街的体验感。

整条步行街上设置的若干节点空间,成为人们聚会休闲的场所,起到了丰富景观的作用。在设置节点空间时,将注意视线对景,强调各种景观的互相渗透。只有景观相互渗透,景观的整体性与周围气氛相融合,才能使人们感受到商业街的氛围。

3)塑造相应的人文景观

一条没有相应人文景观的步行街是没有灵魂的,纵观全国区域内有名的商业步行街,它们具有的共性是不变的,都有一定的历史文化内涵,因此如何在设计中体现一定的文化氛围就成为一个值得思考的问题。步行街在设计中应尽量在保持商业气氛的同时,也反映出一定的文化气息。

通常,各大步行街都会以名人雕塑的形式来作为一个人文景观的节点。人文景观包括自然人文景观和文化人文景观,最常见的有池塘、雕塑、园林、小亭子等。在设计商业步行街的节点时,需要以符合步行街定位的人文景观,保持步行街的整体风韵。

6.6.4　典型案例

山东省雪山风情商业街位于沂水县东外环以西,雪山路沿线。该商业街以全步行街为主,规划有一条商业主街、四个休闲广场和一条内街,里面分别设有餐饮、旅馆、旅游、购物以及休闲娱乐等商业文化设施,还有极具地域风情的高品质居住社区隔河相望,如图 6.24 所示。

图6.24　山东沂水雪山风情商业街

该商业街景观设计以"情长沂水"为设计灵感,将现代化与传统建筑风格相结合,以其"乡土剧种"和"乡村生活"为设计内容,精心打造一条商贸区,既融合传统乡土韵味,又富有时代精神。根据当地风土人情及民俗文化,建筑风格与当地建筑风格极其相似,打造了集餐饮、休闲、娱乐、旅游为一体的岭南文化商业街景观设计。此外,还有池塘等元素为商业街增添了一丝生机。

在该商业步行街的建造中,有精心设计的坐椅、果皮箱、橱窗、招牌、街灯、花坛、雕塑、水池等建筑风貌。此外,该区域还有铜壁和流动的水来寓意聚财,地面上的铺装别致,给人一种如地毯般的视觉效果。该商业步行街的空间尺度很小,但却充分利用交叉路口形成了一种立体感。

在植被方面,该商业步行街以常绿硬叶林为主,景观的观赏性强。绿化设计方面,结合步行街的特点,绿植对称分布,整齐划一,有基础的绿化还有道路绿化,绿化的风格统一,都是将绿植与鲜花相结合。该商业街除了绿植装点,还有突出性的建筑物,如一些美食街、养生会馆、酒吧、茶吧等消费娱乐场所,形成了极具现代风格的现代旅游度假区,有多元化的功能定位。

习　题

1.简述道路交叉口的常见形式。

2.当交叉岛车行道宽度不足时,为提高车道通行能力,如何进行交叉口设计?

3.道路交叉口渠化岛的绿化设计要点有哪些?

4.简述道路平交口的三角形视距避让空间景观设计要点。

5.根据桥梁结构构造的不同,常见路桥的基本类型包括哪几类?并各举一例。

6.简述桥梁的一般结构构造。

7.什么是街旁绿地?其在城市景观中具有怎样的功能?

8.简述停车场内乔木种植要点。

9.人行天桥景观设计的基本原则可概括为哪几点?

10.阐述步行街入口空间景观设计要点。

11.阐述步行街景观设计中绿化种植的基本原则方法。

参考文献

［1］何玲姗.城市道路铺装景观设计浅析［J］.建材与装饰,2016(51):246-247.

［2］赵梓娟.慢行系统中道路公共设施规划与设计研究［D］.长沙:湖南农业大学,2016.

［3］程晨,张晓瑞,许倩雯.城市道路景观亮化设计研究［J］.成都:成都工业学院学报,2018.

［4］何学梅.城市道路附属设施设计理念探讨［J］.宁夏:宁夏工程技术,2015.

［5］徐贤如,于春丽.道路景观附属设施设计初探［J］.南京:南京艺术学院学报,2009.

［6］许鲁杰.生态园林城市道路建设景观文化特色设计探讨［J］.现代园艺,2021,44(6):66-67.

［7］李诗媛.城市道路景观环境设计的分析与研究［J］.城市建筑,2021,18(8):131-133.

［8］黄缨,吕妮.城市道路景观设计浅析［J］.工业设计,2020(10):90-91.

［9］孙林.城市道路绿化景观设计分析［J］.农村实用技术,2020(5):158.

［10］王玲玲.城市道路景观设计浅析［J］.四川水泥,2020(3):49.

［11］唐健.基于景观路谈城市道路景观设计［J］.建材与装饰,2020(7):121-122.

［12］吕勇.城市道路动态景观设计［J］.工程技术研究,2019,4(18):224-225.

［13］陈美芳.浅谈城市的道路绿化配置［J］.花卉,2019(10):64-65.

［14］徐广富.城市道路与环境的整体设计［J］.城市建设理论研究,2019(12):58-59.

［15］向婷慧,钱东洋.城市交通道路景观设计研究［J］.山西建筑,2021,47(16):124-125+136.

［16］陈霞.市政道路绿化景观设计探讨［J］.现代农业研究,2021,27(7):88-89.

［17］张春华.基于新城发展模式下城市道路景观塑造［J］.上海建设科技,2021(3):104-108.

［18］刘洋.城市道路景观中的文化体现［J］.家庭生活指南,2021,37(6):55-56.

［19］李英华,董平洋,郝东旭.道路绿化设计可识别性要点研究［J］.中国市政工程,2021(2):102-105+129.

[20] 郭小仪,戴彦.公园城市背景下景城空间融合发展研究——以达州市犀牛山景城融合区为例[J].城市住宅,2021,28(4):66-69.

[21] 赵先芝.城市精品道路设计分析[J].工程建设与设计,2021(6):69-71.

[22] 乐伍杉,王艺,周进均.城市新区景观大道功能研究[J].交通企业管理,2021,36(2):72-74.

[23] 李诗媛.城市道路景观环境设计的分析与研究[J].城市建筑,2021,18(8):131-133.

[24] 赵明,王旖静.基于"海绵城市"理念的市政道路景观绿化设计[J].现代园艺,2021,44(4):71-72.

[25] 谢海棠.市政道路景观绿化施工浅析[J].南方农业,2020,14(33):62-63.

[26] 邱华祥.城市道路绿化设计与植物搭配分析[J].江西建材,2020(10):209-210.

[27] 黄缨,吕妮.城市道路景观设计浅析[J].工业设计,2020(10):90-91.

[28] 杨丛兵.浅析市政工程中道路园林绿化的要点[J].居舍,2020(26):127-128+139.

[29] 林淑伟,关松立.道路景观质量评价体系构建及优化研究[J].陇东学院学报,2020,31(5):68-73.